# サラブレッドに「心」はあるか

楠瀬 良

農学博士・獣医師



619

中公新書ラクレ

# まえがき

かつて私はモンティ・ロバーツ氏と対話をしたことがあります。氏は、馬の自主性を引き出して調教につなげるという、当時としてはユニークな方法で乗馬や競走馬を調教していました（ロバーツ氏の著書『馬と話す男』に詳述）。今日では彼の思想と方法を引き継ぐ多くの弟子や追従者が世界中で活躍しています。

さて、私は彼に、障害飛越の練習をしていたときに馬が障害から逃避したり拒止《きょし》（障害の前で停止する）した場合どうするか、と尋ねました。馬に一度障害を避けることを許してそのままにしてしまうと、次に障害を飛ばすのはきわめて困難になります。「飛ばなくていいんだ」と馬が学習してしまうからです。ですから普通は鞭を強く使うなどして、直後に一回は馬に障害を飛越させてから練習を終えるようにします。

ロバーツ氏は、そうした場合でも鞭などは使わず、馬の自主性を引き出して解決するといいました。まず障害を拒止した馬を障害の手前でしばらく巻き乗り（回転運動）してから障害に向けます。馬は飛びません。再び巻き乗りをしたあと障害に向けます。今度も飛びません。しかしこの作業を何回か続けると最後には馬はかならず自ら障害を飛びます。一度障害を飛んだらすぐ馬から降りてよく愛撫し、馬装をとき厩舎に戻します。そうすると翌日から馬は率先して障害に向かうようになる、と彼は答えました。

馬は何回も巻き乗りをさせられるよりはと、最後に障害に向けられたときに飛越することを選択します。馬はeasy and funの生き物といわれていますが、ここではイージーではなく、より体力のいる行動を示します。将来（大変短いスパンとはいえ）を予測し、現状と比較し自らの行動を選択したといえるのですが、そこには明らかに馬の意思が感じられます。さて、この馬の意思は一般的な意味での「心」といえるでしょうか？

本書は全4章で構成されています。

第1章「馬のこころとからだ」には馬の心のありようを規定する特有な感覚機能や生理機能について述べられています。また馬でもその性格が子に遺伝することが、科学的なエビデンスのもとに言及されています。

第2章「勝つ馬と負ける馬を分けるもの」は、おそらく本書を手に取られた方の多くが知りたいと思われる競馬における馬の行動の意味が書かれています。ただしこの知識を幸運につなげるためには読者の精進が不可欠です。本来ならもっと出世したであろう幻の名馬ラガーレグルスの話はこの章にあります。

第3章「強い競走馬をどうやって育てるか」には強い馬をつくるためのさまざまな試行錯誤について記されています。また女馬と男馬の行動上の性差についても述べられています。

そして第4章「サラブレッドの歴史と記録」には、きわめて長い人と馬の絆の歴史をまとめてあります。スピルバーグ監督『戦火の馬』の謎解きはこの章にあります。

その他、今やアイルランド、クールモアスタッドからも複数の牝馬《ひんば》が種付けに来る世界の種牡馬《ぼば》ディープインパクトの現役時代の天才ぶりを扱った4編のコラムと、私が武豊騎手との間でおこなったサラブレッドの心理をテーマにした対談を収録してあります。

本書を通読することで、馬という動物の心のありようについて読者の皆様に考えていただければ幸いです。

目次

## 第2章　勝つ馬と負ける馬を分けるもの
### 馬券を買う前にどこを見るべきか

## 第4章 サラブレッドの歴史と記録
### 人類の作った〝芸術品〟は進化し続ける……191

写真提供　ケイバブック／報知新聞社／時事通信社
イラストはすべて著者
図表作成・本文ＤＴＰ　市川真樹子

# サラブレッドに「心」はあるか

第1章

# 馬のこころとからだ

視覚、聴覚、嗅覚から、癖、心理まで

## 1 視野350度の馬が見ている世界

青々としたターフ（芝）の上を返し馬（馬場入場後の駈歩運動《かけあし》）のために散っていくサラブレッドたち。ジョッキーは、それぞれ赤や黄色などの帽子をかぶり、水玉や星散らしなどの華やかで大胆な柄の勝負服を身につけています。そんな競馬場の景色は、私たちの眼には大変カラフルに映ります。

**質問**

私は馬の眼が好きです。黒くて大きくて、じっと見つめていると吸い込まれそう。邪道かもしれませんが、私はパドックで迷ったら馬の眼で決めます。結構当たるんですよ。もっとも、買うのはいつも複勝ですが……。そこで質問ですが、馬はあの大きな眼でいったいどんな世界を見ているのでしょうか。

（33歳　女性　競馬歴8年）

## 馬の色覚

馬は、質問者ばかりでなく私でもうっとりするくらい、大きな眼を持っています。直径はおよそ4・5センチで人の眼球の2倍、陸上に棲《す》む哺乳動物の中では最大の部類に属します。モグラの眼球は小さくトンボは大きいなど、感覚器官の大きさは、動物がその感覚器官に頼っている度合いをある程度反映しています。その点で、馬は視覚の動物とすることもできます。

馬は人と同じく2個の眼を持っていますが、同じなのはその数ぐらいで、見ている世界は人とは相当に異なります。

まずは色彩感覚について。

太陽光をプリズムを通して分解すると波長の長い順に、赤、橙、黄、緑、青、藍、紫と七つの色が並びます。人はこれらの色を明確に識別して見ることができます。ただし哺乳動物でこのようにくっきりと色を識別できるのは霊長類ぐらいで、他の多くの動物たちは、もっと狭い色の世界に住んでいると考えられています。

馬に関しては、かつては色をまったく感じることができないと考えられていました。しかし馬の眼の網膜にある視細胞の形態学的な研究や、学習能力を利用した検査などから、ある程度は色を感じる能力があることがわかってきました。

動物の眼の網膜には、桿体《かんたい》と錐体《すいたい》という形の異なる2種類の視細胞が存在します。このうち錐体は色を感じることができる細胞であることがわかっています。馬の網膜にもこの細胞が存在することから、彼らが色覚を有することが推定されます。

また、特定の色のカード（黄など）と、その色と同じ明度の灰色のカードを判別させる実験をしたところ、馬は黄色を最もよく区別でき、次いで識別が良好なのは緑であることがわかりました。一方、青、赤の識別をまちがえることが多いようです。

これらのことから、馬は色を感じることは可能ですが、その色覚域は黄色を中心に、人より狭い範囲に限定されていると推測できます。

すなわち、サラブレッドの眼には、競馬場の光景は人の眼に映るほどにはカラフルに見えていないというわけです。

## 馬の視野

真っ正面から見ると、馬はかなり愛嬌《あいきょう》のある顔をしています。ただしなんとなく間が抜けている感はいなめません。

正面から見た顔が間が抜けて見える理由の一つに、眼の位置が挙げられます。両眼の間隔は相当開いており、ほとんど頭部の真横に眼がついているといってもよいほどです。瞳孔《どうこう》は横長に開いていますが、その瞳孔の形状と眼球の位置により、馬はパノラマ的に世界を見ることができます。彼らの視野は実に350度にもおよびます。またその広い視野の限界に向かって動く物体に対して特に鋭敏なしくみになっています。

両眼がこのような位置にあることは、野生で生き抜くためには重要な要素でした。広い視野と、視野の端で動くものに敏感なおかげで、背後から忍び足で近づいてくる肉食獣を逸早く察知し、逃げのびることができたのです。

もちろん、こうした特徴を現代のサラブレッドも受け継いでいます。この点を私たちは充分注意する必要があります。

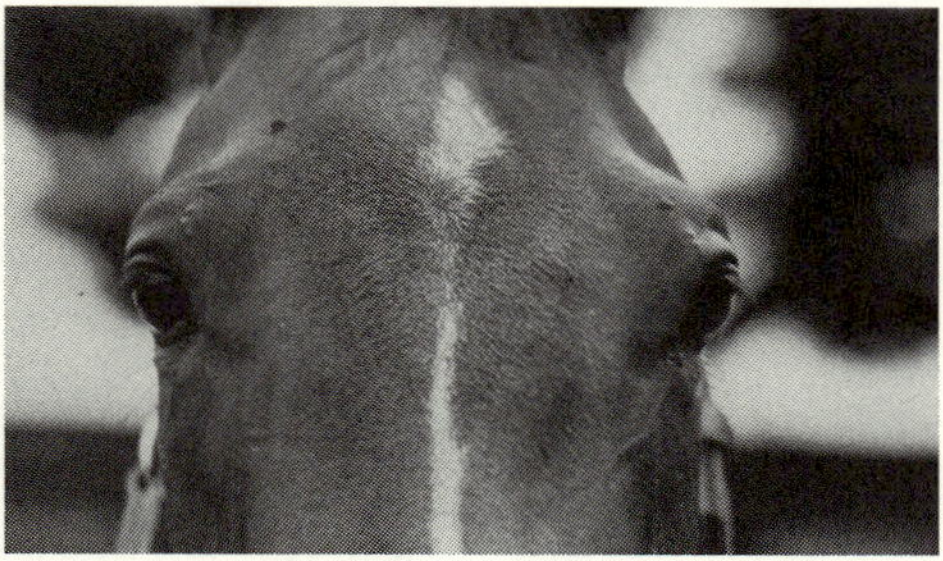

馬の眼は頭部のほぼ真横に位置し、瞳孔は横長に開いている。それによって馬はパノラマ的に世界を見ることができる

ときどき競馬場のゴール近くで、馬がなだれ込んできたときに紙吹雪を舞い上げる人がいます。テレビ映像の中で、ゴール前にいる自分を目立たせようという、浅薄な自己顕示欲によるものと考えられますが、そうした行為は絶対に慎まなくてはいけません。紙吹雪が舞い上がる様子が眼に入った馬が、一瞬ひるんだり横に逃げたりして、勝てる競馬が勝てなかったというばかりでなく、事故につながる可能性もありうるのです。

# 2 コウモリ並みの聴力

競馬場は音にあふれています。ファンファーレ、手拍子、歓声。どれも大レースの盛り上がりには欠かせません。これから始まるドラマへの期待を胸に、ゴール前の人混みの中にいると鳥肌さえ立ってきます。まさにライブ競馬でしか味わえない雰囲気といえるでしょう。もちろん馬の耳にもこれらの音は届いています。しかし、それでひるんでいるようではいけません。ファンの大歓声を含んだすべてが競馬であり、その雰囲気に呑まれずに実力を発揮するのが、真の名馬といえるからです。

**質問**

馬の耳に念仏などといいますが、競馬場に行くと、馬はよく耳を動かしています。騎手が騎乗して気合いが入ったときには耳をピンと立てて、全神経を前方に集中しているように見えます。だから馬の聴覚はきっとすぐれているに違いないと思っているのですが、いかがでしょうか。（31歳　男性　競馬歴6年）

## 馬の聴覚

ご指摘のように、馬は人と同様すぐれた聴覚をもっています。人の耳では聞けない超音波も、ある程度は聞き取ることができます。

音は空気の振動として伝わります。1秒当たりの振動数（周波数。単位はヘルツ）が少なければ低い音、振動数が多ければ高い音に聞こえます。ただし、聞きとることのできる音の周波数の範囲（可聴域）は、動物によって異なります。

たとえば人の可聴域は16ヘルツから2万ヘルツの範囲で、その範囲を超える音は超音波と呼ばれます。馬は、高音に関しては人の可聴域を超える3万ヘルツの超音波まで聞くことができます。一方、低い周波数帯での聴力は、人に比べると馬のほうが劣っています。すなわち、馬が聞いている音の範囲は、全体として人よりやや高音域にずれているということができます。

もっとも、多くの哺乳動物の可聴域の上限は、人を上回っています。たとえばネズミは4万ヘルツ、ネコは5万ヘルツ、イヌは8万ヘルツの音まで聞き取ることができます。イヌの訓練に使う犬笛は2万ヘルツ前後の音が出るように設計されています。犬笛の音は人にはやっと聞こえる程度ですが、イヌにはよく聞こえています。

一方、低音に強いのはゾウです。ゾウは人には聞き取ることのできない超低周波数の音で、遠く離れた群れ同士で交信をしています。

こうして動物界全体を見渡すと、可聴域に関する限り、馬は比較的人間に近い音の世界で生活しているといえるでしょう。

## 音で距離を測る

馬の耳は竹を斜めにスパッと切ったような形をしています。耳介《じかい》は集音器であり、その耳はまさに指向性のすぐれたマイクロフォンといえます。人の耳には痕跡程度の筋肉が3個付着しているだけなので、ほとんどの人は耳を意識的に動かすことはできません。これに対して、馬の耳の動きは10個もの筋肉でコントロールされており、音のする方向に左右独立にぴたりと向けることができます。

馬は、聞いている音が左右の耳に到達する微妙な時間差と角度差から、音源の方向や距離をかなり正確に判断できていると考えられます。彼らが真後ろで動くものを正確に蹴りつけることができるのは、そのすぐれた聴覚のおかげといえるでしょう。

自分で音を出し、その反射音の方向や時間的ずれから対象物までの距離や位置を知ることをエコロケーションといいます。エコロケーションの能力にすぐれた動物として、昆虫を捕らえて食物としている小型のコウモリや鯨の一種ハクジラが挙げられます。小型のコウモリは真っ暗な洞窟の中でも飛翔中の昆虫を捕まえることができます。彼らは口から超音波を発し、その反射音から虫の位置を判断して捕食します。ただし虫もさるもので、ある種の蛾はコウモリの発する超音波が聞こえた瞬間、羽を閉じて音もなく落下して難を逃れるそうです。

さて馬ですが、彼らもエコロケーションの能力をある程度備えていると考えられています。自分の蹄《ひづめ》の音や鼻をぶるんっとさせて出す音をエコロケーションに使っています。馬が障害を飛越するのを注意深く見ていると、耳の先端をぴたりと正面に向けているのがわかります。これもエコロケーションをおこなうためで、彼らは跳躍したときには、すでに障害の向こう側の状況を反射音から正しく判断していると考えられています。

馬の耳に念仏などとバカにしてはいけないということです。

馬の口唇は触るとブヨブヨしていて、引っ張れば伸びますし、とても不思議な感触といえます。馬は唇を大変器用に使います。獣医師が処方した錠剤を飼葉桶の中のエン麦《バク》に混ぜて食べさせようとしても、小さなエン麦だけすっかり食べて、嫌いな錠剤は全部残す馬もいるほどです。

こうした馬の唇の動きは、草を食べるときの習性に由来していると考えられます。彼らは生えてきたばかりの草の先端部分を大変好みます。唇で上手に短い草を寄せ集め、まとめて前歯で食いちぎります。草の先端部分は繊維分が少なく、栄養価に富んでいるのです。

# 3 子作りと子育てに重要な嗅覚

**質問**――昔「ミスター・エド」というテレビ番組がありました。アメリカのコメディーで、たしか飼い主に対してだけ言葉を喋る馬が主人公でした。エドはときどき

――飼い主の男性に向かって笑っていました。あれは本当の笑いだったのでしょうか？

（67歳　男性　競馬歴38年）

**ミスター・エド**

私は質問者より年は若いのですが（若干）、「ミスター・エド」という番組のことはよく憶えています。

そういえばミスター・エドは、頸《くび》を突き出し、伸縮自在の唇を巻き上げ、歯を出していました。馬が歯を見せているので、あたかも笑っているように見えます。しかし馬は別に笑っているわけではありません。証拠があります。目は笑ってはいません（笑）。

この動作はフレーメンと呼ばれるもので、馬の嗅覚と密接に関係した行動です。テレビ番組ではこの動作の映像を上手に編集し、声優の笑い声をかぶせていたのです。

馬の鼻腔の下側には鋤鼻器《じょびき》と呼ばれる空洞があります。鋤鼻器の内側には、匂いを感じることのできる嗅細胞が多量に存在しています。また鋤鼻器の一方は、鼻腔内に開口しています。

馬がこの表情をすると、上唇の動きとあいまって鼻の孔は閉じられ、鋤鼻器の内部が陰圧になります。このとき、吸い込んだ空気は鋤鼻器内部に流れ込み、そこに存在する嗅細胞を刺激します。すなわちフレーメンは、馬が匂いをより鋭敏に感じとろうとしている動作とすることができるのです。

フレーメンは馬の鼻先にたばこの煙を吹きかけたり、アルコールを塗ったりすることで簡単に誘発することができます。

ただし自然な環境の中でこの行動が最も頻繁に見られるのは、牡馬が牝馬に出会い、その尿を嗅いだときです。牡馬は尿から、その牝馬が発情期にあるかどうかを判断するのです。

## 馬の嗅覚

馬の嗅覚は、子育てのときにも重要な役割を果たします。

子馬が生まれると、母馬はさもいとおしそうに産んだ子馬を舐め続けます。この行動には、濡れている子馬の体を早く乾かすという意味があると同時に、母馬が子馬の匂いを学習している過程だとされています。

実際、母馬に生まれた子馬をまったく舐めさせずに即座に隔離して、30分後に子馬を母馬のもとに戻した場合、母馬はその子馬に対する授乳を拒否することが観察されています。自分の産んだ子馬の匂いを学習する機会を失った母馬は、連れ戻された子馬が自分の子であることがわからなくなるわけです。

こうした母馬による匂いを手がかりにした自分の子馬かどうかの判断は、子馬の離乳（4～6か月齢）の時期まで続きます。集団で放牧されている母子の群れの中で、自分に近づいてきた子馬が自分の子ではないと匂いで判断した母馬は、普通は絶対にその子馬に授乳することはありません。

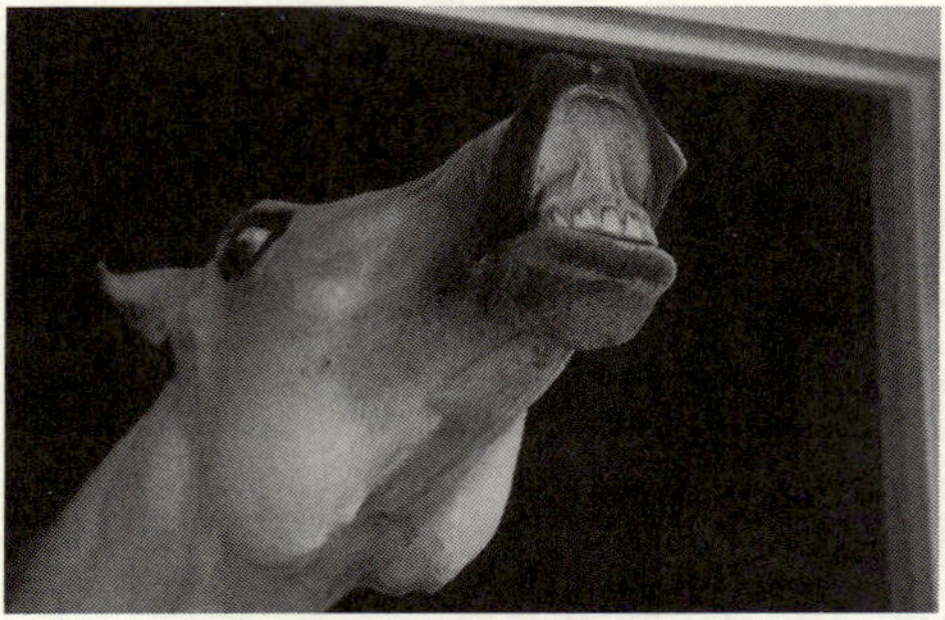
「フレーメン」と呼ばれる行動。笑っているようにも見えるが、実は匂いをより敏感に感じとろうとしている動作である

馬の嗅覚はこのように大変すぐれたものといえます。今まで述べてきたように、嗅覚は馬では特に自分の子孫を作り育てるとき、すなわち母馬が子馬を育てるときや、牡馬が牝馬の発情を判定するときに重要な役割を果たしているのです。

# ④ 歯は磨り減るのが宿命

馬は丈夫な歯を持っています。私たちには硬くてごわごわしていてとても嚙み下せそうにない乾草や、殻のついた生のエン麦を、バリバリ音を立てて食べます。1キログラムの乾草を食べるのに、3000回も咀嚼《そしゃく》を繰り返すといわれています。競走馬にとって調教、それに続く競馬は、きわめて多くのエネルギーを消費する運動です。そして、そのエネルギーのもとは、彼らが食べる飼い葉であり、飼い葉を嚙み砕いて消化吸収するために不可欠なものが馬の有する丈夫な歯といえます。

**質問**　今、馬のことをいろいろ勉強しています。ある教科書に「馬では切歯、犬歯、前臼歯は生え替わる……」とありました。しかし別の本には「(馬で) 乳歯が永久歯に替わるのは、左右上下顎の切歯と前臼歯の各3本ずつの計24本である」とあり、犬歯が生え替わるとは書いてありません。どちらが正しいのでしようか。それから人の歯と馬の歯は、どんなところが違うのでしょうか。教えてください。

（40歳　男性　競馬歴17年）

## 馬の犬歯は生え替わらない

細かいところによく気がつきましたね。馬の犬歯が生え替わるかどうかという質問ですが、答えは「生え替わらない」です。おそらくその教科書を書いた人が、思わず筆をすべらせてしまったものと想像します。

成馬の口の中には、切歯（前歯）が上下左右に各3本ずつ計12本、基本的に前臼歯（奥歯）が同じく3本ずつ計12本、後臼歯も同様で計12本の歯が生えています（注1）。これらの歯に加え、牡馬には切歯の隣に犬歯と呼ばれる歯が上下左右各1本ずつ、計4本生えています。すなわち、牡馬は総計40本の歯を持っています。これに対して、牝馬には犬歯がなく、総計は36本ということになります（まれに小さな犬歯を持つ牝馬もいます）。ちなみに人の場合は男女に関係なく32本の歯が生えています。馬のようにオスとメスとで歯の数の違う動物はきわめて異例といえます。

さてこれらの歯のうち、乳歯として生えてきて、それが生え替わって永久歯になるのは切歯と前臼歯だけです。犬歯と後臼歯は最初から永久歯として生え、決して生え替わることはありません。

乳歯が永久歯に生え替わるのを歯替わりといいますが、馬では2歳の半ばごろから5歳にかけて合計24本の歯が次々に生え替わっていきます。ここで問題となるのは、馬の歯替わりのピークが、ちょうど競馬のクラシックシーズン（注2）と重なるという点です。歯替わりがスムーズにいかないと、噛み合わせが悪くなり、飼い葉喰い（食欲）が落ちることもあります。そうなると走るためのエネルギーを充分摂取することができなくなります。そこで厩舎は、大レースを控えた期待馬が歯替わりに当たってもコンディションを崩さないよう、万全の注意をはらっています。

**馬の歯は常に磨り減る**

みなさんは芝生の草を噛んだことはありますか？ 口に入れても容易に磨りつぶせるものではありません。今度機会があったら試してみてください。

競走馬はその芝草と同じイネ科の牧草を大量に食べています。彼らの旺盛な食欲を見ていると、歯が磨り減ってしまうのではないかと心配になります。実際、馬の歯は年とともに磨り減っているのです。

私たち人間のほか、肉食性あるいは雑食性動物の歯は象牙質を芯に、まわりをエナメル質が覆った構造をしています。歯の表面を覆うエナメル質は、動物の体の中で最も硬い組織で、きわめて摩耗しにくい性質があります。

これに対して馬の歯では、表面をエナメル質よりやわらかいセメント質が覆い、エナメル質は歯の表面には露出しない構造をしています。彼らの歯は、最初から摩滅を防ぐというつくりにはなっていません。子馬が成長して草を食べるようになると、じきに上下の歯が咬《か》み合わさる面（咬合《こうごう》面）に、摩耗によって特定の模様が表れてきます。すなわち、歯が磨り減った結果、セメント質、象牙質、エナメル質が年輪のようにならんだ構造が咬合面に現れるのです。硬い層とやわらかい層がならんだ表面構造は、いわばヤスリのよう

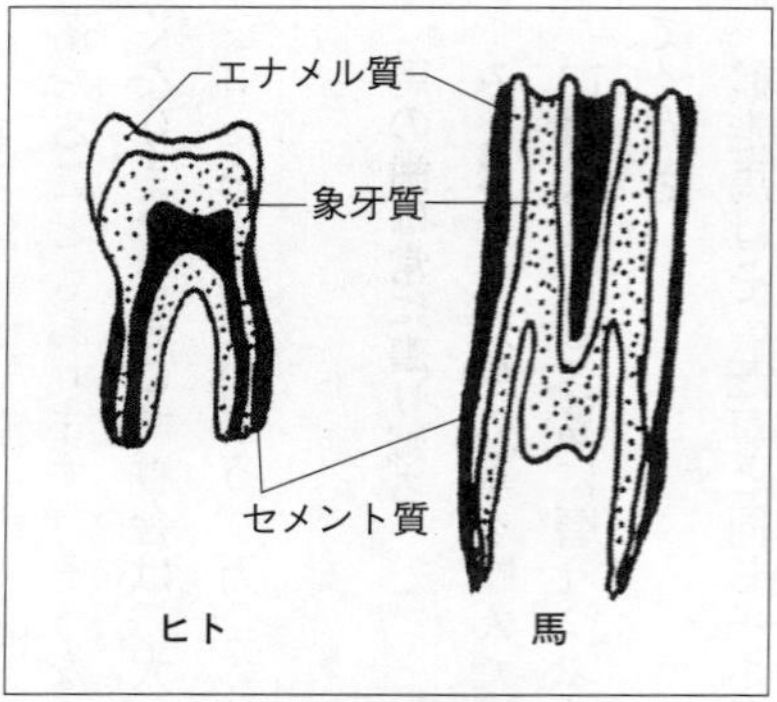

歯の横断面の模式図

な機能を持っているため、イネ科植物の硬い細胞質を効率よく破砕するにはとても都合がよいと考えられます。

馬の歯はこのように摩耗することを前提とした構造をしていますが、同時に、そう簡単には摩滅しつくされない配慮もなされています。まず歯茎から咬合面までの高さ（歯《し》冠《かん》）が高いことが挙げられます。磨り減ってしまうまでには大分時間がかかるのです。また馬の歯は長期間にわたって伸び続けもします。

最初の構造を保ったまま、一生使い続けようというのが人の歯であり、減ればその分補っていこうというのが馬の歯といえます。人の歯と馬の歯は、いわば設計思想が異なっているといえるのです。

注1：牡牝を問わず、上顎の前臼歯の手前に左右1本ずつ狼歯と呼ばれる歯が生える個体も存在する。狼歯はきわめて小さい歯で、食物の咀嚼にはほとんど役だってはいない。

注2：クラシックシーズン　3歳馬による桜花賞、皐月賞、優駿牝馬（オークス）、東京優駿（ダービー）、菊花賞の5つの伝統あるレースを総称し、クラシックレースと呼ぶ。そのうちの4つがおこなわれる春はクラシックシーズンと呼ばれる。

# 5 なぜ草しか食べないのに大きくなれるのか

昨今、メタボがうとまれ、かくいう私もダイエットに励んでいる次第ですが、私の場合は、野菜をたくさん食べるようにしています。でもこれって、効果はあるのでしょうか。葉っぱばかり食べていれば痩せることができるのでしょうか。もしそうなら、馬はどうしてくれる、ウシやカバやゾウはどうしてくれる、という話です。

質問

私はウシ年生まれ。小さいころは、この生まれ年がほんとうにいやでした。なんかノロノロしている感じだし。お馬さんはウシと同じ草食動物で葉っぱばかり食べているのに、なんであんなに大きくて、速く走ることができるのでしょうか。

（28歳　女性　競馬歴5年）

セルロース・パワー

馬もウシもウサギも、みんな草食動物です。この動物たちは、草だけ食べていても大きく成長し、赤ちゃんを産み、パワーを発揮することができます。その秘密は、人が食べてもほとんど消化できないセルロースを、たくみに栄養として利用できる能力にあります。

草食動物が主食としている草は、水分を除いてその4分の3はセルロースというきわめて分解されにくい物質でできています。人はセルロースをほとんど消化吸収することができません。セルロースは食物繊維とも呼ばれ、人にとっては便秘や大腸ガンの予防など健康維持の面では有用ですが、エネルギー源としての価値はゼロに等しいといえます。ですから、私のように葉っぱ系をよく食べるのは、ダイエットという点で効果があるといえるのです。

ところが馬やウシはそのセルロースをエネルギーとして利用する能力を持っています。ただし彼らの消化器官がセルロースを分解できる強力な消化酵素を分泌するわけではありません。体内に共生している微生物の助けを借りているのです。

## 微生物の活躍

馬の場合、セルロースの消化吸収には、大きな盲腸の存在が鍵といえます。

人は盲腸と聞くと無用の長物を連想しがちです。実際、人の盲腸はわずか指先程度の大きさしかなく、消化器官としてはほとんど生理的役割を持っていないと考えられています。これに対して馬の盲腸はとても大きく、長さは1メートル、体積は30リットルにも及びます。

この馬の大きな盲腸には大量の微生物が棲んでおり、活発な活動をしています。そして、盲腸内に送り込まれてきた未消化のセルロースを発酵分解し、馬の消化管で吸収できる脂肪酸に変えています。微生物の作り出した脂肪酸を、馬は盲腸ならびに結腸で吸収し、エネルギーとして利用しているのです。

一方、同じ草食動物でもウシをはじめとした反芻獣《はんすう》は4つの胃を持ち、そこに棲む微生物にセルロースの分解をおこなわせるとともに、一度飲み込んだものを吐き戻して何度もよく咀嚼（反芻）します。ウシはこうした反芻によって、摂取したセルロースをあらかた消化して、馬と同じようにエネルギーとして利用します。ただし盲腸を利用する馬に比べ、4つの胃を持つウシのほうが、消化効率は3倍程度すぐれています。

ところで馬と同じように盲腸でセルロースを分解しているにもかかわらず、馬よりもずっとセルロースの消化効率のすぐれた草食動物がいます。それはウサギです。ウサギは、盲腸内の微生物によってセルロースが分解済みの糞《ふん》（盲腸糞）を、肛門に口をあてて食べる習性があります。ウサギは、まだ利用できる栄養価に富んだ自らの糞をもう一度最初から自分の消化管を通すことによって、セルロースの消化効率を高めているのです。

さて草食動物はセルロースをエネルギーとして上手に利用できるため、普通に生活している限りは、草だけ食べていれば充分といえます。しかし、日々激しい調教をしているサラブレッドや年間1万キログラム以上もの牛乳を生産するホルスタインでは、さすがに草だけではカロリーが足りません。そこで不足分のエネルギーを補うため、エン麦やフスマなどの穀物を主体とした高カロリーの濃厚飼料と呼ばれる餌が与えられます。

盲腸糞を食べるウサギ

みなさんがダイエットを志すなら、パンやお米などの濃厚飼料の取りすぎにも注意しましょう。

## ⑥「冬毛の出ている馬は消し」は正しいか

ゾウは人と並んで、体に生えている毛が少ない動物といえます。しかし北の大地、帯広動物園で飼われているゾウは、冬場になると冬毛がふさふさ生えてくるそうです。常夏の国で生活しているときには不要だった冬毛を生やすという機能が、北海道の酷寒の環境で目覚めるものと考えられます。

今回は馬の毛にまつわる話。

**質問**

昔は寒い季節には、結構冬毛の競走馬が多かったように記憶しています。それに比べると、最近は真冬でも冬毛でモサモサしている馬をそれほどパドックで見かけません。これって競走馬の改良が進んだからなのでしょうか？　それとも地球温暖化のせいなのでしょうか？　それから冬毛モサモサは馬券的には消しでしょうか？

（53歳　男性　競馬歴30年）

### 競走馬の冬毛

パドック（下見所）で周回しているサラブレッドで、寒い季節になってもそれほど冬毛の生えている馬を見かけなくなったのは、競走馬としての改良が進んだからでも地球温暖化のせいでもありません。これは冬毛を生やさないようにするという、厩舎サイドによってなされた努力の結果といえます。

寒暖差のある地域に棲む多くの哺乳動物では、寒くなってくると冬毛が生え、冬が過ぎるとすっきりと抜け落ち、夏毛に替わります。冬毛は密生しているのが特徴といえますが、こうした毛が生えるのは、寒い季節を少しでも暖かく過ごし、生き抜いていくための、動物に備わった重要な機能といえます。

ただし現代の競走馬にとって冬毛はあまり意味を持ちません。むしろ摂取した栄養が冬毛にとられ、肝心の走ることに使われる分が減るのでマイナスになると主張する人もいます。もっとも、そうした意見には、今のところ科学的根拠は存在しません。一方、競馬ファンにとっては、冬毛は毛づやや肉付きを見極めにくくするので困りものかもしれません。

冬毛が生えるのは、寒い季節を少しでも暖かく過ごし、生き抜くための重要な機能。ただし現代の競走馬にとってはあまり意味を持たない

馬の皮膚が一定期間寒さにさらされると、その反射として冬毛は生え始めます。ですので逆に、馬体を保温することで、冬毛を生えにくくさせることができるのです。競走馬では、保温のために馬体をすっかり覆う馬服が用いられます。厩舎によっては、比較的暖かい馬房にいるときでも馬服を着せているところもあります。また、調教が終わって体温がまだ高いときに、よくブラッシングをすると、冬毛は抜けていきます。

このように競走馬に冬毛を生やさないためには、かなり手間がかかります。つまり冬毛が生えていないということは、馬にそれだけ手をかけている証拠ともいえます。

下級条件の競馬では、冬毛を生やした競走馬が比較的多く見受けられます。そうした馬の中でピカピカの毛づやの馬がいれば、他馬に比べ手がかかっている証拠といえますし、期待の表れの可能性もあります。冬毛は消しとまではいいませんが、冬毛の生えている出走馬の多いパドックで、毛づやがピカピカしている馬を見つけたら、厩舎側のその馬に対する期待に乗ってみる、というのもおもしろいかもしれません。

## 毛の生え方

さて、哺乳動物の全身の毛は一定方向に向かって生えていますが、この毛の流れは毛《もう》流《りゅう》と呼ばれます。毛流の方向は冬毛でも夏毛でも変わりません。馬のブラッシングは、ブラシを毛流に沿って動かすのがコツといえます。毛流に逆らってブラッシングをすると、いわゆる逆毛《さかげ》が立ってしまいます。

毛流の存在意義は雨の日にはっきりします。馬の場合、毛流は原則として背中側から腹に向かっています。馬が雨の中で立っているとき、雨水は毛流に沿って素早く体の表面から流れ落ちます。毛流が存在するため、簡単に雨水が皮膚まで達するのを防ぐことができ、その結果体温が奪われる危険性はとても少なくなります。

ところで、南米大陸にナマケモノという動物がいますが、この動物は終日背中を下にして、木にぶらさがって生活しています。こうした姿勢でいつも居眠りをしているナマケモノの毛流は、馬とは逆に腹側から背中に向かっています。その毛流のおかげで、上から降ってきた雨水は、腹から背中へと素早く流れていきます。ナマケモノの毛流が馬とは逆方向になっているという事実は、毛流が雨天に対応するために存在している何よりの証拠といえるでしょう。

さて、人は多くの哺乳動物と異なり、体の一部を除いてほとんど毛が生えていません。保温機能は体毛ではなく皮下脂肪が担っています。一方、クジラも人と同様、無毛で、保温機能は皮下脂肪が担っています。

クジラは海に戻った哺乳動物で、泳ぐときにスピードの妨げとなる体毛をなくし、厚い皮下脂肪を蓄えることで氷の海でも活動ができるようになったとされています。ほとんど無毛で皮下脂肪を持つという人とクジラの類似点から、人は進化の過程で水中生活に適応していた時期があった、と主張する生物学者もいます。実際、人の胎児のウブ毛に見られる毛流は、水泳中に体に沿って流れる水の向きと一致するそうです。

# 7 ヒトと並ぶ「二大汗かき動物」

夏は暑い。暑いとビールがおいしいのですが、飲んだビールは汗で飛んでいってしまいます。ビールには塩のきいたエダマメがよく合います。汗とともに流れ出た塩分の補給にちょうどよいともいえるでしょう。

さて今回は汗の話。

質問

休日の朝はいつも、飼っている犬を散歩に連れて行きます。朝でも夏場だと私は結構汗びっしょりになります。でも犬のほうはちっとも汗をかいていないようです。競馬場のお馬さんは、競馬が終わったあとは冬でもポタポタ汗をかいていますよね。イヌと馬と人。同じ動物なのに、汗のかきかたはそれぞれ違うのでしょうか？

（27歳　女性　競馬歴1年）

## 全身で体温調節

イヌはほとんど汗をかきません。イヌの体には、鼻先や足裏のパッド（肉球）を除いて、汗を分泌する汗腺が存在しないからです。

イヌが暑いときに見せる、口を開けてハアハアあえぐ動作は、パンティングと呼ばれ、口の中の水分を蒸発させて体温を下げるという役割を持っています。

ついでにいえばネコもほとんど汗をかきません。ネコは、水が貴重な砂漠で進化した動物で、オシッコの水分も濃縮させるくらい体内の水分をけちけち使います。いよいよ暑さに耐えられなくなると、体をなめて、体についた唾液を蒸発させることで体温を下げようとします。しかし普通は、暑いときはなるべく動かずに涼しいところで休息して暑さをやりすごし、気温が下がった夜に活動するという戦術をとります。

さて馬ですが、馬は二大汗かき動物の一つに数えられます。二大汗かき動物のもう一方は、私たち人間です。

サラブレッドは1回の競馬でおよそ10リットルの汗をかくと推定されています。この量は、およそバケツ1杯分に相当します。

馬はもっぱら汗をかくことで、体温の調節をおこなっています。体表の汗が蒸発すると体温は下がります。いわば全身をラジエーターにしているのです。温度の上がった筋肉は、汗が蒸発して冷やされることで持久力が増します。

馬では、疾走時には安静時の40〜60倍の熱が産生されます。サラブレッドが競馬を1回走ると約2000キロカロリーの熱が産生されますが、もし仮にこの熱がすべて馬体に蓄えられたとすると、体温はまたたくまに5度は上昇する計算になります。もちろん実際にはそんなことにはなりません。せっせと汗をかいて体温を下げているからです。

**馬の汗は石鹼入り**

人は「裸のサル」ともいわれるように、毛はまばらにしか生えていません。汗腺から噴き出した汗は、すぐに皮膚に広がり、そこから蒸発することで、効率よく体温を下げることができます。

一方、馬は全身が短い毛でおおわれています。馬の汗には、被毛《ひもう》という障害物があっても効率よく体温調節ができるような物質が含まれています。その物質はラセリンと呼ばれます。

馬の汗には、他の動物に比べて多くのラセリンが含まれていますが、この物質の働き

馬の汗にはラセリンという石鹸によく似た作用をする物質が含まれているので、身体が泡で白くなる

は石鹸とよく似ています。すなわちラセリンには、脂分と水分をなじみやすくすると同時に表面張力を抑え、汗の水分が被毛を伝わって皮膚全体に広がりやすくする機能があるのです。ラセリンが含まれていることで、汗が全身に広がり、体表からの放熱効果が高まります。

　運動を終えた馬の股間や頸が泡で白くなっているのをよく見かけますが、ラセリンが多く含まれているからなのです。

　馬は、このように発汗能力がきわめて高いのですが、意外なことに夏の暑さにはそれほど強くはありません。馬の発汗能力は、人のように気温が高くなったときに体温を調節するためではなく、激しい運動をしたときの体温調節に役立つように進化してきたためと考えられます。

# 8 なぜ立ったまま眠れるのか

睡眠はとても大切です。適度な睡眠は、心身の疲れをいやし、集中力を増し、免疫力を高めます。人の場合、平均睡眠時間は7時間程度ですが、これにはもちろん個体差があります。かのナポレオンは3時間しか睡眠をとらず、東大受験生は5時間以上寝ると合格できないといわれ、アインシュタインは10時間寝ていたそうです。

**質問**

うちの犬は夜寝ているときに、突然キャンと声を出したりすることがあります。眼を覚ましたのかなと思って見てみると、何事もなかったようにスースーと眠っています。これって夢を見てたんですよね。お馬さんも夢を見るのでしょうか？

（17歳　女性　競馬歴　見るだけ）

## 馬の夢

動物が眠っているときに夢を見るかどうかは、その動物に聞いてみなければ確定的なことはいえません。しかし多くの動物で、睡眠中に夢を見ているという証拠は存在します。

人間は明らかに夢を見ます。フロイトは夢の中身を分析することで、夢を見た人の、自分でも気がついていない欲求不満や潜在的な願望までわかるといったくらいです。

睡眠中は誰でも、目をつぶったままの状態で急に眼球が動きだす時期があります。このとき無理やり起こされると、たいていの人が夢を見ていたというそうです。このような夢見をともなう睡眠は、眼球が速く動く (Rapid Eye Movement) ことから、その頭文字をとってレム（ＲＥＭ）睡眠と呼ばれています。

レム睡眠は１９５０年代に、人の眠りを研究する中で発見されました。レム睡眠のときには眼球が動くばかりでなく、呼吸や脈拍が乱れ、大脳の活動状態を示す脳波には目覚めているときと同じようなパターンが認められます。一方、筋肉はすっかり弛緩して脱力状態にあります。見た目はぐっすり眠っているのに脳は覚醒状態にあるため、逆説睡眠と呼ばれることもあります。

馬の睡眠にもレム睡眠の時期が存在していることがわかっています。馬のレム睡眠は、横になって頸をすっかり投げ出して眠っているときに生じます。筋肉は脱力して、死んだように横たわってはいますが、脳波を計測してみると覚醒時のパターンを示します。このとき、おそらく馬は夢を見ているものと推測できます。

実際、こうした姿勢でぐっすり眠っていると思われた馬が、突然いななないたり四肢をばたつかせたりすることが観察されています。もしかすると大レースでゴール板を先頭で駆け抜けている夢を見ているのかもしれません。

**立って眠る馬**

さて夢はともかくとして、馬の睡眠の特徴として、横になって眠る時間がきわめて短く、しかも細切れに眠るという点が挙げられます。普通の生活では馬は1日合計3時間程度しか横になりません。15分ほど横になっては立ち上がるということを繰り返しながら一晩を過ごしています。

横になる時間は短いのですが、立ったままでも休息をとることができます。そればかりか、そのままウトウトまどろむことすらします。こうした芸当ができるのは、その独

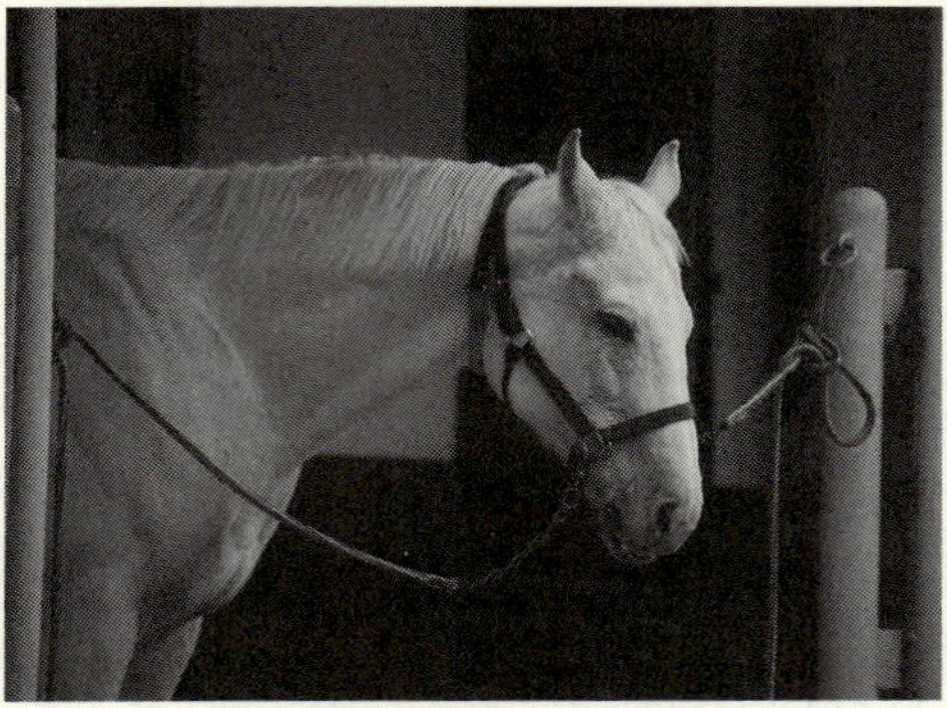

立ったまままどろむ馬。靭帯によって四肢の関節がしっかり固定され、眠っても人間のようにひざがガクンと折れないようになっている

特な体のつくりに由来しています。馬は立って休息しているときには、ほとんど筋肉の力を使っていません。休息姿勢をとったとき、四肢の各部の関節は骨と骨をつないでいる靭《じん》帯《たい》でしっかり固定され、スッと眠りに引き込まれても決してひざがガクンとしたりはしないのです。

馬と同様の特技を持つ代表的な動物としてゾウが挙げられます。ゾウは眠るときは重い頭部を太い鼻で支えて、立ったまま眠ります。馬やゾウと同様、横臥《おうが》時間が1日3時間程度と短い動物としては他にウシやヒツジが挙げられますが、これらの動物に共通しているのは、比較的大型で草食性、すなわち肉食獣に襲われる危険を大なり小なり有しているという点にあります。彼らは、体が大きいため、すっかり身を隠せる安全な場所を見つけるのは不可能に近いといえます。またその大きな体を栄養価の低い草や木の葉だけで維持するためには、睡眠時間を削ってまで食べ続けなくてはならないわけです。

同じように肉食獣に襲われる危険のある動物でも、ネズミなどは1日13時間は眠っています。彼らはすっかり身を隠せる安全なねぐらをどこにでも見つけることができ、安心して熟睡できるというわけです。またイヌ科やネコ科など肉食性の動物は、補食の対象となる動物ほど不安な夜を過ごさなくてもよく、睡眠は充分とれます。

睡眠時間について、その圧巻はナマケモノといえます。南アメリカ大陸に生息して、特有の進化をしてきたこの動物は、その名の通り1日20時間眠ります。彼らは手の届く範囲の葉っぱをむしって食べる以外は、日がな一日寝て暮らすという、少なくとも私にとってはあこがれの生活をしているのです。

# 9 さく癖は貧乏ゆすりのようなもの

読者の中には、いわゆる〝貧乏ゆすり〟をする人がおられると思います。膝をカクカクと小刻みにゆすり続けると、やがて何となく気持ちよくなり、イライラした気分が解消されたような気になってきます。ただ、ところ構わず貧乏ゆすりをしていると、本人はよくても周りの人をイライラさせることがあるので気をつけましょう。

貧乏ゆすりは「常同行動」の一種とされます。常同行動とは同じ動作を何回も繰り返す行動を指しますが、馬でもそうした常同行動を癖として身につけてしまった個体が見られます。今回は、そうした常同行動に関する質問です。

質問　私は学生時代、馬術部に所属していました。私の愛馬は、さく癖《へき》馬でしたが、馬場に出れば素直で、障害も上手に跳びました。そこで質問です。競走馬にも、さく癖馬はいるのでしょうか。もしいるとすれば、競走馬としての能力に問題

は生じないのでしょうか。　（27歳　男性　競馬歴4年）

### さく癖は競馬の成績に関係があるか

乗馬にさく癖馬がいるように、もちろん競走馬にもさく癖を常習的に示す馬はいます。さく癖とは、上顎の前歯（門歯）を、厩舎の入り口に渡してある横木などに引っかけて頸に力を入れ、グォッというような特有の音を発する行動を指します。大部分の馬はそんな行動はしません。一部の馬のみ、さく癖をすることを覚えてしまい、暇さえあればあたかも何かに取りつかれたようにグォッグォッと繰り返すようになります。そうした、さく癖を覚えてしまった馬を、さく癖馬と呼びます。

さく癖馬の発生率は、競走馬ではおよそ4パーセントとされています。またさく癖馬の出現に家系的なかたよりがあることから、遺伝的な要因が関係しているとも考えられています。

さく癖のあるサラブレッドだからといって、競馬での走能力が劣るという証拠はありません。ただし、過度のさく癖は明らかに疝痛《せんつう》（腹痛）のリスクを高めることから、普通の馬に比べて管理には、より細かい配慮が必要となります。厩舎にとっては、あまりありがたい存在とはいえません。

さく癖のように同じ動作を延々と繰り返す行動を示す動物は、馬のほかにもたくさんいます。

動物園を歩いていると、同じところを行ったり来たりするゾウを見かける場合もありますし、壁を際限なくなめ続けるキリンを目にとめることもあります。動物種によって行動の形式は異なりますが、同じ動作が繰り返されるという共通点があります。こうした常同行動は、自由を奪われているというストレスが、発生の原因の一つと考えられています。

馬のさく癖や人の貧乏ゆすりも含めて、動物に見られる常同行動は、何かそこから動物たちは、ある種の快感を得ているように見えます。実際、さく癖馬に脳内のモルヒネ様物質の働きを抑える薬物を投与すると、さく癖はピタリとおさまることが実験的に証明されています。

### さく癖と咀嚼

さく癖は、寝ているときや騎手を背にして運動をしているときには見られません。既舎でのんびりしているときに見られるわけですが、日がな同じ頻度で出現するわけではなく、どうも日周リズムがあるように見えます。そこで私たちは、ＪＲＡ馬事公苑（東京・世田谷区）の複数のさく癖馬の24時間行動観察をおこないました。

馬事公苑は、乾草を給与する時刻と、エン麦などの濃厚飼料を給与する時刻が決まっています。観察の結果、さく癖の出現頻度は、そうした飼料の給与時刻と飼料の内容に依存して変化することがわかりました。すなわち、さく癖の出現頻度は乾草を給与する時刻が近づくと、それを予期するようにだんだん減ってきて、乾草を採食中は最低のレベルとなりました。逆に濃厚飼料の給与時刻が近づくと頻度がどんどん増加し、飼料が与えられたときに最高レベルに達したのです。

エン麦などの濃厚飼料は馬が大好きな食べ物といえます。一方で、食物を口にしてから飲み

過度のさく癖は疝痛のリスクを高めるので、管理する際には普通の馬よりも細かい配慮が必要になる

込むまでの咀嚼回数は、乾草を食べるときに比べるとはるかに少なくなります。さく癖の出現には、好きな物が食べられる喜び、もしくは咀嚼の少なさによる欲求不満が関与している可能性があるものと考えられました。ちなみに、この発見は、アメリカで出版された動物行動学の教科書にも紹介されています。

# ⑩ 子馬はDNA検査で親子判定される

競馬は血統のスポーツともいわれます。血統は予想の手がかりになりますし、馬の経済的価値を大きく左右します。馬の親子関係に間違いがないかの判定には、かつては血液型が用いられていましたが、現在では人と同様、ＤＮＡ型が利用されています。

**質問**　**私は内気なんですが結構意地っ張りでA型の典型といわれています。サラブレッドの性格も、人と同じように血液型で決まるのでしょうか？**

**（25歳　女性　競馬歴2年）**

**血液型と馬の性格**

冷や水を浴びせるようで恐縮ですが、質問自体がナンセンスです。

もちろん馬にも血液型はあります。擬似的にＡＢＯの各型にタイプ分けすることもできます。しかしこれはあくまでも擬似的な分類です。人のA型の血液と、A型に見かけ上分類された馬の血液はまったく別物です。もしA型の馬の血液をA型の人に輸血したら、異物反応で大変なことになると考えられます。また馬は血液型によって、それなりに分類できたとしても、血液型がその馬の性格とおよそ関係がないのは、人の場合と同様です。

いわゆる血液型性格判断は広く日本社会に浸透しています。「あなたがノンキなのはB型だからなのよ」とかなんとか、仲間内で盛り上がっているぶんには何も問題はありません。しかし、人の血液型が性格と関係があるという科学的根拠はどこにもないということは知っておいたほうがよいでしょう。

ABO式の血液型とは、赤血球の表面にある血液型物質のほんのわずかな違いを分類したものです。その血液型が、育った環境や多くの遺伝子の働きによって決まる「性格」に関係があるとは、まず考えられません。ちなみにこのような血液型性格判断が社会に流布しているのは日本だけといわれています。

## DNAによる親子判定

さて、冒頭で述べたようにサラブレッドにとって血統はきわめて重要です。すぐれた成績を残した馬を代々かけあわせることで現在のサラブレッドの能力は開花しました。血統は馬の価格に反映されますし、競馬の予想の際の大きな手がかりともなります。大前提として、それぞれの馬が血統書に記載されている父母の子であることが保証されている必要があります。

サラブレッドの親子判定は長らく血液型を用いておこなわれてきました。しかし馬の血液型では同じタイプに含まれてしまう馬も多いため、判定効率（正確には父権否定率）は約97パーセントにとどまっていました。この数字が高ければ高いほど正確な親子判定が可能となるのですが、血液型を用いる限りこれ以上判定効率をあげるのは困難と考えられていました。

そこで1990年、全世界のサラブレッドを統括している国際血統書委員会（英国）は、DNA検査を用いた鑑別法をサラブレッドの親子判定に導入することを提案しました。DNAには各個体が持っている遺伝情報がすべて記録されており、上手に解析すれば100パーセントに限りなく近い精度で親子判定が可能となります。

もちろんそのためには技術の開発が不可欠です。JRA競走馬総合研究所でも国際血統書委員会の提案を受け、（公財）競走馬理化学研究所と共同で翌年研究を開始しました。この研究は現在も世界各国の研究機関と連携をとりながら継続されています。そして今では、ＤＮＡ検査を用いた場合の判定効率は１００パーセントに限りなく近い水準（99・９９９パーセント以上）に達しています。

こうした研究成果をもとに、２００１年には米国が、２００３年には日本でもサラブレッドの親子判定は血液型からＤＮＡ型へと、鑑別方法を変更しました。現在日本では、牧場で生まれたすべての子馬には、ＤＮＡ検査によって親子関係に矛盾が認められなかったとき、初めてサラブレッドとして血統書が発行されます。

日本競馬の歴史を変えたといわれるサンデーサイレンス。その息子で種牡馬として大活躍したマンハッタンカフェは外見がうりふたつでした。ともに青鹿毛で流星鼻梁鼻白。これだけ似ている場合は、親子関係の判定はＤＮＡ検査を待つまでもないような気もします。

# ⑪ 親の気質はどこまで遺伝するか

血統は若駒《わかごま》の取引価格に最も強く反映されます。兄にGⅠ《ジーワン》馬でもいればびっくりするほどの高値で取引されますが、これはその馬が将来名誉を得ると同時に大金を稼ぐ可能性に期待してのことといえます。しかし、なかなか期待通りにいかないのが世の中というものです。兄弟といっても遺伝子の組み合わせは異なりますし、育成の環境や調教の仕方も競走能力に影響を与えます。遺伝ですべてが決まるわけではないのです。このことは人にも当てはまります。人の社会は大変複雑ですので、努力が遺伝を凌駕《りょうが》する余地はいくらでもあります。

**質問**

小生、アラ還の年代になり、自分がやることなすことが親父に似ていると最近つくづく思うようになりました。母親にも「アンタは父さんそっくりになってきたねえ」といわれます。サラブレッドは血統がものをいうとされていますが、

――競走能力だけでなく性格やしぐさも親に似るものなのでしょうか？
（58歳　男性　競馬歴30年）

## 行動の遺伝

サラブレッドの普段の厩舎での行動や人に対する態度は、それまで飼われた環境や育てられ方、世話をしている人間の接し方に大きく影響されます。早い話が、同じサラブレッドでも、ほとんど人との交流を持たずに生まれ育った馬は、人を見れば逃げ回り、牧場でつかまえるのにも往生します。

実際、私たちが北海道の牧場を対象にした調査でも、子馬の少なくとも1歳の時点までの人に対する行動は、その馬が生まれ育った牧場の育成方法の影響を強く受けることがわかっています。また成馬になったあとでも、日々の生活を工夫することで、ストレスに動じにくい落ち着いた馬に教育することは充分可能です。

ただし特定の条件、たとえば強いストレスがかかったときや非常に不安な状況のもとでは、その馬の行動に遺伝の影響が強く現れることがあります。いわば本性が思わず顔を出してしまうのです。

さて東西のトレーニング・センター（トレセン）には入厩検疫所という場所がありま す。ここではトレセンに入厩するべく運ばれてきた馬が、登録されている馬と同じかを チェックすると同時に、病気、特に伝染病にかかっていないか検査をします。獣医師の 検査で健康面に問題がないことが確認されてから、馬は厩舎に引き渡されます。

入厩検疫所では獣医師はすべての馬に同じ検査をします。すなわち、肺に異常がない か聴診器を胸部にあてる、結膜の色に異常はないかまぶたをめくる、抗体検査のために、 頸部の静脈から採血をする、の3通りの検査です。こうしたいわばルーチン的な作業に 対して、何も抵抗せずにじっとおとなしくしている馬がいる一方、いやがるので強引に 助手が押さえ込まないと検査ができない馬もいます。馬それぞれで、反応が異なってい るわけです。

私たちは、こうした個体差が生じる背景を知るために、約1年間美浦《みほ》（茨城）と栗東《りっとう》 （滋賀）の、東西トレセンに入厩してきた馬の行動調査を実施しました。

## 入厩検疫所での馬の行動

入厩検疫所では競走馬診療所の獣医師がほぼ毎日、入厩馬の検査を手分けしておこなっています。そこで検査時の馬の反応を記号で記録して、そのデータを毎週送ってもらうこととしました。

具体的には、聴診器を胸部にあてたとき（①）、おとなしかったら「A」、逃げようとしたが鼻ネジなどでの保定は不要だった場合は「B」、耳や肩を助手が強くつかんだり鼻ネジによる保定が必要だったりした馬を「C」としました。また、まぶたをめくる（②）、採血をする（③）ときの反応も同様に記録してもらいました。

こうした調査を1年間、東西トレセンで実施した結果、約9600頭分のデータが集まりました。このデータには、初入厩の馬も含まれますし、放牧のためにトレセンの外に出たあと再入厩してきた馬も含まれています。

私たちがこれらのデータを解析した結果、まず2歳の牝馬が最もAの数が少ない、すなわち落ち着きがないこと、牡でも牝でも入厩を繰り返すごとにAの数が増えることなどを見出しました。

さて、こうした個体差の背景についてですが、私たちは当初、生産牧場や育成牧場の影響が強く出るだろうと予想していました。しかしデータをどうひっくり返しても生産・育成牧場の影響は明確には見つけ出せませんでした。そのかわりに見出されたのは種牡馬の影響、すなわち遺伝です。

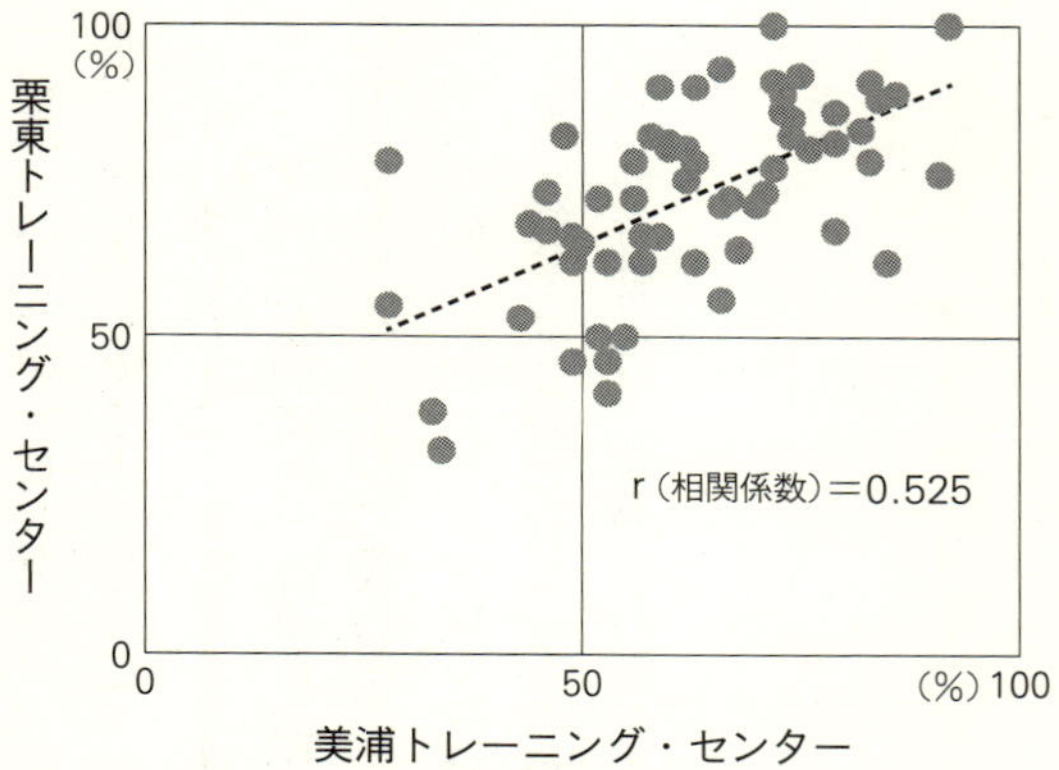


**おとなしい産駒の種牡馬別出現率**
（東西トレセン間の相関関係）

図は初入厩の馬のデータにしぼって解析したもので、一つ一つの点は種牡馬を示しています。それぞれの種牡馬はＪＲＡに20頭以上の産駒《さんく》を新馬としてトレセンに送り出している馬で、どれも人気種牡馬とすることができます。また縦軸は、それぞれの種牡馬の産駒で栗東に入厩した馬のうち、おとなしかった馬（①、②、③の検査がオールＡ）の比率を、横軸はその種牡馬の産駒で美浦に入厩した馬のうちオールＡだった馬の比率を示しています。たとえばグラフ上の右上の点で示した種牡馬は美浦に入厩した産駒の約90パーセントがオールＡで、栗東に入厩した産駒はすべてオールＡだったことを表しています。一方、グラフの左下の点で示した種牡馬は栗東に入厩した産駒でオールAだったのは約30パーセント、美浦に入厩した産駒でオールAだったのは約40パーセントにすぎなかったことを意味しています。すなわちこの種牡馬の産駒は半分以上落ち着きのない馬だったわけです。図からは、産駒の行動に対する遺伝的影響が読み取れます。それぞれの種牡馬の実名を知りたくなるところですが、残念ながら公表するわけにはいきません。

初入厩の馬にとって入厩検疫所は初めて入る場所です。また周りにいる人は、トレセンの獣医師をはじめ知らない人ばかりです。こうした極度に不安を覚えるような環境下での馬の行動には、その馬の持つ遺伝的な行動特性が表に出てくるものと考えられます。

# ⑫ 利き足はあるのか

競走中のサラブレッドは馬場を時速60キロメートルを超える高速で駆け抜けます。コーナーもほとんど減速せずに通過していきますが、遠心力で外にふくらまずにカーブを上手に曲がるためには、特有の足運びが要求されます。

**質問**　右利きの人と左利きの人がいますが、馬にも利き足はあるのでしょうか？　たまに、コーナーを大きくふくらんで通過したり、曲がりきれずに逸走してしまったりする馬がいますが、こうしたこととその馬の利き足とが関係しているような気がするのですが。

（42歳　男性　競馬歴15年）

## 馬の利き足と手前肢

馬の中には明らかに、右方向への回転が左方向への回転に比べて不得意な個体と、逆に左方向への回転が不得意な個体が存在するようです。このことは、経験豊富な馬術家の多くが指摘するところです。ただしその得意不得意が、競馬場でのコーナー通過の上手下手と関係があるという証拠はありません。

サラブレッドが競走中にコーナーを曲がりきれずに、大きく外にふくらんでしまうのは、その馬がコーナーの入り口でうまく手前変換ができずに、逆手前でカーブに突っ込んでしまった場合が大部分といえます。

馬の駈歩（キャンター）は、いわば跳躍の連続ととらえることができます。

二本の後肢は、一完歩ごとに馬体の真下まで深く踏み込み、臀部《でんぶ》の強大な筋肉が生み出す力で地面を後方に蹴り出すという運動を繰り返しています。

二本の前肢は相前後して着地し、後肢が生み出した推進力を受け、着地点を支点として馬体を前方に送り出します。二本の前肢のうち、遅れて着地し、馬体が宙に浮く寸前まで地面についている方の前肢を手前肢と呼び、もう一方の前肢を反手前肢と呼びます。手前肢は、一本だけで馬体を支える瞬間があり、進行方向を決定する役割を担っています。

馬は右前肢を手前肢（右手前）にしても左前肢を手前肢（左手前）にしてもまっすぐ

走ることができます。また遅いスピードなら、どちらを手前肢にしてもコーナーをまわることはできます。しかし競馬のような速いスピードでは、曲がる側の前肢を手前肢にしないとコーナーをラチ（柵）に沿ってまわることは、ほとんど不可能です。

右回りのコーナーを左手前でまわろうとしたり、左回りを右手前でまわろうとしたりするのを反対襲歩《しゅうほ》（ギャロップ）あるいは逆手前といいます。逆手前では、馬は体をコーナーの内側に倒すことができないため、遠心力で外に振られてしまいます。その結果、馬はコーナーを大きくはずれてしまうのです。

**手前変換**

競走馬は競馬で走っているときに何回か手前を変えます。この動作は手前変換と呼ばれます。直線コースを走っているときに手前変換をすることもあるし、走路が直線からカーブに変わるところで手前変換をすることもあります。

手前変換は、多くの場合もっぱら馬が自発的におこないます。たとえば直線を左手前で走ってきた馬は、右カーブにさしかかったとき、瞬時に手前肢を交替させます。そしてコーナーを抜けるまで右手前で走り通します。また直線コース上で手前変換するのは、簡単にいえば、同じ手前で走り続けると疲れが左右のどちらかに片寄ってしまうからです。これは私たちが重い荷物を持って歩いているときに、ときどき荷物を右手から左手（左手から右手）へと持ちかえるのによく似ています。

競馬場で見られる手前変換の多くは、馬がいわば勝手にやっているといってもよいかもしれません。しかし騎手の指示で、馬に手前変換を我慢させたり促したりすることは可能です。コーナーを曲がりきったあとでの手前変換をなるべく我慢させ、ゴール前の叩き合いの、ここぞというところで手前変換を促し、疲れていない手前で走ることで他馬を一気に抜き去るといったことも不可能ではありません。もっとも相当な技術を持った騎手でなければ、そうした作戦を実行し成功させることはできません。

手前変換は馬の自然な動作であり、通常の手前変換には力学的にも特に危険を感じさせるような兆候は認められないことが、競走馬総合研究所の調査でわかっています。しかしまれに骨折や腱断裂などの事故が、手前変換のときに起こることがあります。手前変換は馬の動きのリズムが瞬間的に変わるときといえます。おそらく疲労のため、手前変換の動作のタイミングがずれたり、騎手のバランスがくずれたりすることが事故につながるものと推測されます。

手前肢は、駈歩のときにのみ見られるもので、常歩《なみあし》、速歩《はやあし》では存在しません。常歩と速歩は左右の肢が着地時間のずれはあるものの対称形に動くのに対して、駈歩では左右の肢の運び方が非対称となるからです。動物界を見渡すと駈歩ができるのは哺乳類しかいません。サンショウウオなどの両生類は、常歩はできますが、速歩、駈歩での移動はできません。またトカゲなどの爬虫類は、速歩まではできますが、駈歩はできません。両生類や爬虫類が駈歩ができないのは、体の構造上の問題もありますが、とりわけ運動神経が四肢を非対称的に動かすレベルにまで進化していないためとも考えられます。

## コラム１
# ディープインパクトのフォーム

サンデーサイレンスの最高傑作ディープインパクト。武豊騎手はこの馬の乗り味を、空を飛ぶようだと表現しました。

歴戦のジョッキーがそう表現するフォームとは、いったいどんなフォームなのでしょうか。それを知るべく、ＪＲＡ競走馬総合研究所のスタッフが、２００５年秋、三冠のかかった菊花賞当日に京都競馬場のゴール前にカメラを据えました。周囲の、長尺のレンズを備えた、いかにも性能のよさそうなテレビカメラに比べると、そのカメラはホームビデオかと見まがうほど貧弱ですが、１秒間に２５０コマの撮影ができる、すぐれものなのです。

この高速度カメラで撮影した映像を解析した結果、さまざまなことがわかりました。

ディープインパクトの走行フォームで、まず特徴的だったのは、そのストライド

（歩幅）の長さでした。この馬はその日の菊花賞出走馬全頭の中で最も馬体重が軽く小柄な馬であるにもかかわらず、最もストライドが長かったのです。ちなみにディープインパクトのストライドは２・１６メートルで、他の馬の平均は１・９５メートルでした。ストライドの長いディープインパクトの走法は、体を思い切り前後に伸ばして走るフォームから生み出されるのです。こうした走り方には、関節の柔らかさもさることながら、広げた前後肢で馬体を支えるための強靭な筋力が不可欠となります。

また、走行中、頭を上げるタイミングが、他馬に比べて明らかに遅いこともわかりました。頭を上げるタイミングが遅い結果、終始頭の位置が低く保たれ、馬体の上下動が少なくなります。これは重心のブレが少ないことを意味しますが、無駄なエネルギーを使わない経済的な走法といえます。

歩幅が広く、上下動の少ない、流れるような走行フォーム。これが武豊騎手に、空を飛んでいると感じさせた乗り味の正体といえるでしょう。

第2章

# 勝つ馬と負ける馬を分けるもの

馬券を買う前にどこを見るべきか

## 1 耳を見れば精神状態がわかる

競馬場のパドックを周回している馬はさまざまなしぐさを見せます。悠然と歩を進めている馬もいれば、2人引きでもちゃかちゃかして尻っぱね（後ろ足を跳ね上げること）をしている馬もいます。人も含めて動物が感情や気分を行動で表現することをボディーランゲージと呼びますが、馬のボディーランゲージを読み解くことで、勝ち馬を見抜くことは可能でしょうか？

競馬ファンに最も関心が深いと思われる、パドックでのしぐさからうかがえる馬の心理について。

質問——自分は競馬場では必ずパドックを見てから馬券を買いますが、パドックでの馬のしぐさから、精神面でどんなことがわかるのか教えてください。

（26歳　男性　競馬歴4年）

## パドックでの馬の心理

パドックで馬を見てからでないと馬券は買わない、というファンは少なくありません。パドックを周回している馬たちを比較観察することで、当日のそれぞれの馬の調子や気合いの入り具合を確認しておこうということでしょう。そのこころざしや良し！　といえます。

ただ、出走してきている馬は、どの馬も仕上げは万全のように見えます。馬にはそれぞれ個性があるので、専門家でも調子の良し悪しを、パドックを周回している様子だけから判断するのは難しいといえるでしょう。しかし、だからといってパドックで出走馬を観察することは、決して無意味なことではありません。

私は〝予想の神様〟といわれた故・大川慶次郎氏に、彼のつけている競馬ノートを生前に見せてもらったことがあります。そこには過去の競馬の着順、展開はもとより、パドックや返し馬の様子が細かく記述されていました。彼は「このノートで、予想の精度は格段に向上する」とおっしゃっていました。かつて調子のよかったときの馬の様子を、メモをもとに思い出し、今、目の前にいる同じ馬の動きと比較することで、調子の良し悪しを判断していたということでしょう。まさに〝競馬は記憶のゲーム〟の実践版といえるでしょう。

さて本題。質問はパドックでの馬のしぐさから、馬の精神面でどんなことがわかるかということでした。

馬の気分は、頭部であれば耳、目、鼻、口に表れます。とりわけ馬の耳は感情が最もストレートに表出される器官といえます。耳の動きは馬の心理状態を知る大きな手がかりとなるのです。

**耳による感情表現**

馬は両方の耳を前後左右に、しかもそれぞれ別々に動かすことができます。ヒトの耳のことを考えれば、この自由な耳の動きは驚異的ですらあります。

馬は、左右の耳を別々にくるくる動かすことで音から周囲の環境を探索します。馬を初めての場所に連れて行くと、この動きはいっそう激しくなります。何か自分の身に危険がおよぶことがないか、周囲を探索しているのです。

転じてこうした耳の動きは、不安感を表す指標となります。パドックで落ち着いた馬が多い中、一頭だけ左右の耳をしきりに動かしている馬を見つけたらチェックをしておく必要があるでしょう。その馬は競馬場特有の雰囲気に呑まれ、不安を感じ、これから始まる競馬に集中しきれていない可能性があるからです。

馬は怒りや不快感を覚えると左右の耳を伏せます。これは耳を絞ると称されます。群れで放牧されているとき、優劣順位の高い馬が弱い馬を脅かすときなど、正面から耳が見えないほど両耳をぴったり頭部に押しつけます。パドックでも、他馬が近寄りすぎたときなどに耳を絞る馬をときおり見かけますが、これも要チェックといえるでしょう。社会的に優位なら競馬でも強いだろうと思われるかもしれ

（上）両耳を立てて前に向けているときは気持ちを集中している（下）怒りや不快感を覚えたり、他馬を威嚇したりするときは耳を絞る

ませんが、さにあらず。競走で馬込み（レース中、馬が密集している状態のこと）に入ったときに他馬を威嚇《いかく》することに気を取られ、走ることに対する集中力がとぎれる可能性があります。

両耳をぴんと立て前方を注視しているのは馬が気持ちを集中していることの表れとすることができます。それまでリラックスして歩いていた馬が、騎手を背にした瞬間、気配を一変させる場合があります。両目、両耳を一点に集中させ、正面を見据えている姿は、これから行くぞという気迫と気合いを表しているといえます。

## ②レース前にボロをする馬は体調不良？

馬の感情は、耳の動きや表情ばかりでなく全身で表現されます。遠くから見ていてもわかりやすいのは尻尾の動きだと思われます。尻尾の動きはもちろん、馬のお尻周辺からもいろいろなことが読み取れます。

**質問**

パドックで馬の尻尾の動きを見ていると出走馬によって、少しずつ違うような気がします。尻尾の動かし方とか角度とかに馬の感情は表れているのでしょうか。それとボロ。この前、下痢みたいな馬がいましたが、体調不良ということで消してもいいものでしょうか。また普通のボロなら体重が減る分有利なのでしょうか。

（38歳　男性　競馬歴13年）

## 尻尾の動き

馬の感情は、馬体のさまざまな部位の動きから読み取ることができます。ご質問のように尻尾の動きにも馬の感情は表れます。

夏の競馬場のパドックで、馬が尻尾を左右にバサバサ振っていることがあります。この動きは、おおむね問題とはなりません。馬の尻尾にとって最も重要な業務、すなわちハエやアブを追い払うという仕事をしているからです。ただし、ハエもいないのに尻尾を盛んに振る、特に上下に振っている場合は要注意といえます。馬は何かに違和を感じていると考えられるからです。馬場を走っている馬でも、ときおり上下に尻尾を振るのを見かけることがあります。この動作は、装着している馬具の不具合、鞭《むち》に対する反抗、本人（馬）にしかわからないようなちょっとした体の不調がその原因と考えられます。

犬とは違い、尻尾を振っているからといって、喜んでいるわけではないのです。

一方、犬が尻尾を巻いたときは、恐怖を感じて逃げるときといえます。同様に馬でも、恐怖や不安を感じたとき、尻尾を股の間に巻き込むようにします。パドックで尾を下げて、尻と尻尾の空間が見えないような格好で歩いている馬は、周囲の状況や来るべき競馬そのものに不安や恐怖を感じている可能性があるので、注意をする必要があります。

もっとも不安感からやみくもに走り、結果的に先頭でゴールインしてしまうということもありうるので、やはり競馬の予想は難しいといえるでしょう。

返し馬などで、ときおり尾を高くあげて素軽く（軽快に）走って行く馬がいます。馬が尾を立てるのは気分の高揚や軽い興奮を表しています。これは決して悪い兆候ではありません。競技の前の適度な興奮は、人でもよいパフォーマンスに結びつくことがよく知られているからです。

パドックでは尻尾の動きにも注意を。尾を立てるのは気分の高揚や軽い興奮を表し、好走の期待も生まれる

## パドックでのボロ

一般に動物は、知らない場所に連れてこられたり、緊張を感じたりすると糞をします。実際、馬を１頭だけで知らない場所に連れて行くと、ほぼ間違いなくボロ（糞）をします。知らない場所にいるという緊張感がストレスとなって排糞を促すのです。競馬場のパドックでのボロも、

多くの場合、自然な排泄行動というよりは軽いストレスを受けた結果排泄されたものと考えられます。

さらにパドックでは普段より柔らかいボロをする馬が多く、質問にもあるように、まれに下痢に近いボロをしている馬を見かけることもあります。ただし、こうした下痢は、悪いものを食べて食当たりを起こしたためというわけではありません。パドックで見られる下痢様の状態の多くは、人で神経性の下痢、すなわち過敏性腸症候群と呼ばれるものに近い現象と考えられます。

人における過敏性腸症候群としては、たとえば学級委員に選出された小学生が毎朝登校前に下痢をするようになったという事例や、人前で何かを発表しなければならないときに急にお腹が痛くなるといったケースがよく知られています。競走馬でも特に精神的にセンシティブな個体では、これから競馬を走ることを予測し、それがストレスとなって神経性の下痢を起こすものと考えられます。ただしそうした馬が、競馬で実力を出し切れないという証拠はありません。

馬は1年間に優に7トンを超える糞を排泄します。もっとも、出走馬が競馬の前にパドックで排泄するボロはごくわずかで、馬体重の0・5パーセントにもなりません。馬体重の増減を、勝ち馬予想の最大の手がかりにしている人は別として、パドックで馬がボロをして馬体重がわずかに減ったとしても、勝ち負けにさして有利になったとは考えにくいとはいえるでしょう。

## ③ 尻尾についている赤いリボンの意味は？

馬の中には、ときどき大変困った癖を持つものがいます。相手が人でも馬でも、そばに来たものをすぐ蹴りつけようとする「蹴癖《しゅうへき》」、手当たり次第咬みつこうとする「咬癖《こうへき》」、洗い場などで馬をつなごうとすると後ずさりする「後退癖」などが代表的なものといえます。これらの癖は、総じて臆病な性格からきているもので、とっさに蹴ったり咬んだりしたときに不快なことから逃れられたという経験を学習した結果、そうした行動がその馬の習い性《しょう》になってしまったものと考えられます。

**質問**

パドックで、尻尾に赤いリボンを結んで、ぐるぐる歩いている馬をときどき見かけます。たてがみを綺麗に編んでもらっている馬や、お尻に菱形の模様をつけてもらっている馬と同じで、尻尾のリボンも私は最初おしゃれと思っていました。そうしたら、そうではなくて「この馬は蹴る癖があるよ」ということを示す危険信号なんだ、と彼氏が教えてくれました。また、赤いリボンは交通信号からきていると断言しました。それって本当なのでしょうか。

（24歳　女性　競馬歴1年）

---

**尻尾のリボン**

馬の尻尾のリボンは、その馬に蹴癖があるということを、厩舎側が警告の意味でつけているというのはたしかです。もっとも最近は、後ろに他の馬が近づくと落ち着きを失うのを嫌ってリボンをつける厩舎もあるようです。ただし赤いリボンが赤信号に由来するという説はおそらく間違いだと考えられます。

この尻尾のリボン＝蹴癖の起源を特定するのは容易ではありません。以下、尻尾リボン発祥起源解明についての楠瀬探偵の調査報告です。

このことを解明するために、私はまず厩舎育ちの友人に電話をしました。彼は父親が有名な騎手（故人）で、自身は競走馬の水桶で産湯をつかい、厩舎を遊び場にして育ったほどの人ですが、彼がいうには、自分が物心ついたときには尻尾に赤いリボンをつけた馬がいた、ということでした。これで起源はとりあえず50年さかのぼることができました。

次にJRAのパリ駐在事務所およびロンドン駐在事務所の所長経験者に欧米での事情について聞き取り調査を実施しました。彼らいわく、フランスでもイギリスでも、蹴癖の馬が少ないこともあるが、それを警告するために尻尾にリボンをつけている馬は見たことがない、ということでした。どうやらこの習慣は、日本を起源とするということができそうです。

そうこうするうちに、くだんの厩舎育ちの友人から、どうも戦前から尻尾のリボンが蹴癖を示すという習慣は存在していたらしいという電話がありました。彼は、戦前に騎手として活躍し、すでに調教師も引退している大御所からその話を聞いてくれたそうです。戦前からということであれば、尻尾のリボンが赤信号と関係あるという説はほぼ否定されると判断されます。日本に赤黄青の交通信号が初めて設置されたのは昭和5年だそうですが、戦前はほとんど一般化せず、戦後のモータリゼーションの進展にしたがって徐々に全国に設置されていったものだからです。

## 坂の上の雲

私はここに至って、ある物知りの先輩に聞いてみることを思いつきました。なんで最初からそうしなかったのかという話ではありますが……。

相手は、私など足元にも及ばない「真の馬博士」ともいえる存在です。

彼は、私がたずねた馬の尻尾のリボンの起源に関する質問にたちどころに答えました。「その起源は日本陸軍であるぞ」と。彼は昔、陸軍の軍人あがりの競馬会の職員からその話を聞いたそうです。さらにその「真の馬博士」は、尻尾のリボンの起源は日露戦争（１９０４～１９０５年）までさかのぼることができるといいました。ここにきて、起源は一挙に１１０年前まで戻ったことになります。

たしかに明治の開国後に日本が初めて外国と戦火を交えた日清、日露戦争では、日本陸軍が連れて行った軍馬が、馬体が貧弱であるばかりでなく、馴致《じゅんち》がゆきとどいていなくて往生したというのは有名な話です。少しでも仲間内でのケガを減らそうとして、蹴癖のある馬に誰でもわかるように目印をつけたというのはありそうなことといえるでしょう。

「真の馬博士」は、日露戦争のときに軍馬の尻尾にリボンをつけていたことを何かの本で読んだといいます。「もしかすると司馬遼太郎の『坂の上の雲』かもしれない」。

『坂の上の雲』とは日本帝国陸軍創成期を題材にした小説です。また司馬遼太郎という作家は、膨大な資料を読み込んで、そこで知りえたエピソードを作品に挿入することがよくあります。それによって小説のリアリティーが格段に高まるわけですが、「蹴癖のある軍馬の尻尾にリボンを結んだ」というのは、まさに司馬流の格好のエピソードといえるでしょう。

さもありなんと考えた私は、さっそく町の図書館から『坂の上の雲』全6巻を借り出して目を通しました。

さて報告です。全6巻に目を通し終えたところ、結局小説の中に馬の尻尾のリボンのエピソードは見つけられませんでした。残念。

# ④ 落ち着きのある馬ほど成績がいい？

競馬場のパドックにはお金が埋まっている……はずです。パドックを周回する馬たちの体型、筋肉と皮下脂肪の付着具合とそのバランスで勝ち馬を予想できるという人がいます。毛づやを重要視する人もいますし、歩様《ほよう》と脚捌《さば》き、体の柔軟性に重きを置く人もいます。一方、馬の落ち着きや気合いの乗り具合を見定めるのが最も大切だと主張する人もいます。かくいう筆者は――？　どれも永遠の課題のように思えます。

**質問**

パドックで馬を見ていると、手綱を持っている人をグイグイ引っ張って、いかにも気合いが乗っていていてこれから走るぞという気迫が感じられる馬を見かけることがあります。よし、この馬を本命にしようと思うのですが、同時にもう一人の自分が「あれは気合いが乗っているのではなく、単なる入れ込みである。下手をするとゲートが開く前に終わってしまうかもしれないぞ」とささやきます。出走前の競走馬の「気合い」と「入れ込み」の違いが簡単にわかる方法を教えてください。

（30歳　男性　競馬歴7年）

### 気合いと入れ込みの違い

はっきりいって「気合い」と「入れ込み（極度に興奮している状態）」を簡単に確実に見分ける方法があれば、私が教えてもらいたいぐらいです。

ただ、一ついえることは、かつてその馬が好成績をあげたときのパドックでの様子、凡走したときの様子と、今、目の前にいる馬の行動とが比較できれば判断の手がかりとなります。大変難しいことですが、不可能ではありません。

ところで私はかつて、馬と人との絆をテーマとした一連の研究の中で、競馬当日の馬の行動と競走成績との関係について調べたことがあるので、今回はその研究成果について書きたいと思います。

馬の性格は遺伝と環境双方の要素で決まるものと推測できます。遺伝は人の力では、いかんともしがたいのですが、環境は人による操作が可能です。たとえば人との関係でいえば、頼りにしている人がそばにいてくれれば、ストレスにさらされたときでも、馬は比較的落ち着いていられるものと考えることができます。そして、そうした馬との信頼関係は、日々の努力で築くことができます。

さて競走馬は、競走当日、発走の60分前に装鞍所《そうあん》に集合します。馬は通常、担当の厩務員が手綱を取っています。装鞍所では、まず馬の体重をはかり、次に馬体検査（注）、蹄鉄の検査をおこないます。それが済むと各馬は、装鞍所内の割り当てられた馬房で鞍付けなどの馬装をします。こうした一連の作業を、落ち着いてこなす馬がいる一方、体重計に乗るのを嫌がったり、検査のために獣医師が近づいただけで逃げたりするような馬も存在します。ちなみに装鞍所で落ち着いている馬は、概してパドックでも落ち着いています。

私たちは、装鞍所での個々の出走馬の行動を一頭ずつ観察し、落ち着いているか否かを一定の評価基準をもとにスコアとして記録しました。すなわち出走を前にした馬の落ち着き具合を、解析しやすいように数値化したわけです。

**落ち着いた馬は有利か?**

私たちは、こうした調査を東京、阪神、札幌の各競馬場において、合計約６０００頭の馬を対象にして実施し、さまざまな角度から解析しました。その結果、競走馬は年齢が上がるほど、また出走経験を重ねるほど落ち着きが出てくること、牡馬に比べて牝馬のほうが落ち着いていることなどの成績を得ました。これらの成績は、長年競馬を見てきた人の経験と合致するものと思われます。

もちろん、この観察で得られたスコアと、その馬のその日の競走成績との関連についても解析をおこなったのですが、そこでは大変興味深い成績を得ることができました。解析では、競馬場ごとに年齢別に分けて検討しました。その結果、すべての競馬場のすべての年齢のレースにおいて、落ち着いている馬のほうが、落ち着きのない馬に比べてゴールに先着する傾向が認められたのです。この傾向が特に顕著だったのは2歳馬のレースで、札幌競馬場の2歳馬のレースでは、最も落ち着いていた馬の集団は、最も落ち着きのなかった馬の集団に比べて、平均1・5着先着していました（n〔サンプル数〕＝158、r〔相関係数〕＝0・12）。

ただし残念なことが一つあります。すべての競馬場のすべての年齢のレースで、落ち着いている馬のほうが、落ち着きのない馬に比べて先着する傾向が共通して認められはしたのですが、その相関係数は低値で、統計学的にはきわめて弱いものでした。統計学的にきわめて弱い関係ということは、簡単にいえば馬券検討の参考にはなりにくいということを意味します。実際には、落ち着き払った馬が負ける場合も、パドックで大騒ぎをしていた馬が勝つ場合も、大いにありうるということです。

ただし集団としてとらえた場合には、競馬を前にして落ち着いていられる馬のほうが、勝つ確率が高くなることはたしかです。馬券は一頭ごとの勝負となりますが、たくさんの馬を競馬場で走らせる生産牧場や育成牧場、厩舎としては、全体として勝つチャンスを少しでも高めることは重要といえます。そのためには、陣営の馬をストレスに動じない、競馬を前にしても落ち着いていられるように教育することが必要なことといえるでしょう。

注：馬体検査　連れてこられた馬が、出走の登録をしている馬に間違いないかを検査すること。かつては毛色や白徴などで照合したが、現在は各馬に個体情報が記録されたマイクロチップが頸部に埋め込まれており、それを利用している。馬体検査では、同時に歩様に違和感はないか、外傷などはないかもあわせてチェックする。

## 5 競走能力のピークは4歳秋

ローカルの競馬が終わり、心地よい秋風が吹いてくると、いよいよ競馬は秋の本番に入ってきます。秋は馬体も充実して、それぞれの馬たちは目指す競馬に向けて調教も本格化します。

質問 食欲の秋です。私も食べたらヤバいとわかっているのですが、ついお菓子に手がのびてしまいます。「天高く馬肥ゆる秋」といいますが、お馬さんも秋には太るのでしょうか。また、馬体重が増えた馬は狙い目でしょうか。

（30歳　女性　競馬歴6年）

**秋はサラブレッドも太る？**

秋競馬で、前走より馬体重が増えている馬が狙い目かどうかは何ともいえません。その馬の年齢、前走とのインターバル、前走での馬体重と成績との関係などをよく考慮に入れる必要があります。そして何より体重の増加が、馬体が充実した結果なのかを正確に見極めることが重要です。仮に極端に馬体重が増えていたとしても、それが単に絞り切れなかったためなのか、成長なのか、筋肉が身につき馬がパワーアップした結果なのかを、パドックを周回する出走馬の様子を見て判断するのが最善といえます。

　では秋になると一般的に競走馬は太るかということですが、必ずしもそういうことはありません。競走馬は厩舎によって厳密な体重コントロールがなされているため、秋になったからといって体重が急に増えるということはありません。

　この点は、いわゆる野生馬や、人にあまり管理されずに放牧主体で飼われているような馬とは大きく異なります。こうした、いわば野生状態で生活をしている馬は、秋には確実に太ります。彼らは普段、もっぱらイネ科の草の葉っぱや茎を食べて生活していますす。イネ科の草は、雑草といえども秋になれば穂をつけ、実りの季節を迎えます。イネ科の草の実である穀類は、葉や茎に比べると格段に栄養価に富んでいますが、そうした穀類を口にすることができる秋には馬は太り、厳しい冬に備えることが可能となるのです。

競走馬は秋になって急に太ることはないにしろ走能力は充実します。サラブレッドの能力のピークは4歳秋とよくいわれますが、これは数字の面からも裏付けられています。

## 競走馬の能力は4歳秋がピーク

ＪＲＡは、すべてのレースのすべての出走馬の走破タイムを公表しています。ＪＲＡ競走馬総合研究所では、競馬での走破タイムを対象に、集団遺伝学的な視点から種々の分析をおこなってきています。

もちろん競馬の走破タイムは、仮に同じ競馬場の同じ距離のコースであっても、馬の能力以外のさまざまな要因で変動します。たとえば良、不良といった馬場条件でもタイムは変動しますし、騎乗したジョッキーによっても変わってきます。そこで分析をするときには、そうしたいくつもの変動要因を補正して、純粋に知りたい要素だけを比較するという数学的手法がとられます。

こうした手法で競走馬を集団としてとらえ、まず年齢ごとの比較をしてみると、2歳、3歳、4歳と年齢が上がるにしたがって平均走破タイムは速くなりますが、5歳以降では一転、少しずつ遅くなっていくことがわかりました。この傾向はすべての競走距離でおおむね共通していました。すなわち４歳時が最も速かったのです。次に月別に同様の分析をした結果、1年間のうち9月、10月が記録的には最も速い傾向を示すこともわかりました。すなわち４歳秋がサラブレッドの競走能力のピークというわけです。

体の成長という面からみると、サラブレッドの約95パーセントは３歳の秋までには成熟し、４歳春には、ほぼすべての馬の成長が止まります。肉体的には４歳春の時点で完成しているわけですが、競馬での能力のピークは秋にずれこみます。この原因としては、競馬では体力ばかりでなく、スタートのうまさやコーナリングの巧みさなどの技術や、精神面での成熟も重要なためと考えられます。

もっともこれらの成績は、すべて出走馬を集団としてとらえ平均化したときのものです。個々の競馬では３歳馬が４歳馬を負かすこともあれば、６歳馬が優勝することもあります。早熟な馬もいれば、いつまでも高い能力を保つ馬もいるということです。こうした個体差は人間のアスリートを考えれば納得できるでしょう。

健康な競走馬は飼い葉をがんがん食べます。でもぶくぶく太ってこないのは、菜食主義ということではなく、毎日鍛錬をしているからです。お菓子をいくら食べてもいいのですが、その分、運動をお忘れなく。

## 6 返し馬ではどこに注目すべきか

出走直前の返し馬。時間的に、発売締め切り間際にならないと確認できない馬の動きなので、なかなか落ち着いて観察しにくいものですが、この瞬間にも幸運がひそんでいるかもしれません。

**質問**

馬たちが馬場に入ってきたあと、それぞれスタート地点まで走っていきますが、あのときどういうところに着目すればよいのでしょうか。教えていただければ幸いです。私は、馬と騎手とのコミュニケーションが重要な気がするのですが。

（63歳　男性　競馬歴3年）

**返し馬**

本馬場に入場してから出走に備えて待避所で輪乗りをするまでの間、出走馬が馬場を走ることを〝返し馬〟と呼びます。「返し馬にはその馬のコンディションの良し悪しがよく表れる」というのは、厩舎関係者のほぼ一致した意見といえます。

おっしゃるように返し馬でまずチェックしたいのは、馬と騎手とのコミュニケーション、すなわち両者の間がしっくりいっているかどうかという点です。質問された方は、大変良いところに目をつけられていると思います。回答者を代わってもらってもよいくらいです。

返し馬では、脚運びのスムーズさ、動きの素軽さをチェックするのも重要ですが、何よりも騎手との〝折り合い〟に注目すべきです。すなわち騎手のまっすぐ走れという命令に対して馬は反抗していないか、ハミ（注）をいやがるそぶりを見せていないか、騎手が止めようとしているのに、やみくもに走ろうとしていないか、などがその着目点として挙げられます。

直前の返し馬で見られた騎手との折り合いの悪さは、競馬のスタートを切ったあとでも再現される確率が高く、その結果、馬は走ることに集中できず、無駄なエネルギーを使ってしまうことになります。

ただし一つ付け加えておかなければならないのは、馬にはそれぞれ個性があるという

返し馬にはその馬のコンディションの良し悪しが表れる。騎手との折り合いにも注目

点です。出走前、いつも騎手との折り合いが悪そうな印象を与えるのが、その馬の個性ということもありえます。こうした馬は、競馬では一変してスムーズな走りを見せて勝ってしまうということも起こりかねません。こうした見立ての誤りを犯さないためには、その馬の過去のレースの際の返し馬の様子を思い出すことです。目の前の馬の動きと、過去にその馬が出走したときの返し馬とを比較し、今回が本当に折り合いを欠いているのかを判断します。出走馬の中では、いちばん騎手との折り合いが悪いように見えても、その馬にとっては最良の状態ということもありえます。しかしすべての出走馬の、かつての返し馬の様子など、並大抵の努力で覚えられるものではありませんが。

## テン乗りと返し馬

さて、返し馬は、ファンが馬の調子を判断する最後のチャンスであると同時に、テン乗り、すなわち競馬当日に初めてその馬にまたがる騎手にとっては、馬の個性を見極める最初の機会とすることができます。

馬は一頭一頭気質が異なります。各馬の気質の違いは、競走中にもさまざまな場面で見られます。ゲートが開いたとたん引っかかって、脱兎のごとくどんどん走っていってしまう馬。馬群に囲まれると急に走る気を喪失してしまう馬。先頭に立ったとたん集中力をなくす馬。

競走馬に見られるさまざまな気質は、その馬に普段から調教で乗っている騎手や、何回か競馬で乗った経験のある騎手ならば、かなりの程度把握しています。しかしテン乗りの場合、初めて競馬でその馬にまたがるわけですから、返し馬が騎乗馬の個性を実感できる最初の場となります。

もちろんテン乗りの騎手に対しては、前もって馬の気質も含めていろいろと調教師はアドバイスをしています。しかし細かいことは実際に乗ってみてからでないとわかりません。

テン乗りの場合、実力のある騎手は、馬の気質を馬場入場から発走までの15分程度の間に、あれこれ見定めます。たとえばスタートのときにどのくらい気合いをいれればよいかを、返し馬のときの騎手の扶助（命令）に対する馬の反応具合で判定します。他馬に近づけたときに体を硬くすれば、馬を気にするタイプで、なるべく馬群に入れないほうがよいと判断します。肩に鞭を当てたときに耳を絞れば鞭を嫌がる馬と考えることもできますし、中にはハミが口に当たるのを嫌う馬もいます。

テン乗りでも実力のある騎手は、こうしたことをすべて把握したうえで発走にのぞみ、あたかも長年コンビを組んできた者同士のように勝負にいどむのです。

注：ハミとは馬の口に含ませる金属製の馬具。両端には手綱が結ばれる。左右の手綱を通して、騎乗者は馬に指示を与える。この指示を理解している馬を、ハミ受けができているという。馬銜。

# ７ ゲートの中の馬の精神状態

スタートのうまいへたは馬側の問題ですが、競馬を開催する側には出走馬全頭が平等にスタートを切れるようにする責任があります。そのために競馬では特別な装置が使われています。質問はスタートのときの競走馬に関するものですが、スターティング・ゲートの構造についても説明しましょう。

**質問**　僕は運動会の徒競走のとき、いつもドキドキして心臓がひっくりかえりそうになります。友達もそうだといっています。馬も同じなのでしょうか。

（12歳　男子　競馬歴　見るだけ）

**ゲートの中では馬もドキドキ**

馬も同じです。競走馬は出走直前にゲートに入ると、落ち着いているように見えても、心拍数は1分間に170回程度まで上昇します。自分の馬房でリラックスしているときの心拍数が30回/分前後なのを考えると、ゲートの中で馬は、相当ドキドキしているといえるでしょう。

競走馬はゲートに入れば、すぐに競馬が始まるということを知っています。いよいよ競走だという精神的な興奮が、腎臓の隣にある副腎という器官に伝わり、そこからアドレナリンというホルモンが血液中に放出されます。アドレナリンは、心拍数を上昇させ血圧を高めます。また呼吸の機能も高まります。こうしたことが、ゲートに入った競走馬や、徒競走のときにスタートラインに立った皆さんの体の中で起こっているのです。アドレナリンの作用は、これから競走をするということを考えると理屈にかなっています。心拍数が上昇したり呼吸機能が高まったりした結果、持久力が向上するからです。スタートのときにドキドキすることで、一等賞の賞品をもらえる可能性が高くなるのです。

馬の場合は、アドレナリンは、さらに脾臓という器官に貯められていた濃度の高い血液を、体を循環している血液中に戻すという役割を持っています。その結果、酸素を運ぶ役割を持つ赤血球が普段より増え、サラブレッドの持久力をいっそう高めます。

アドレナリンは肉食動物が獲物を捕まえようとするときや、草食動物が敵から逃げようとするときに放出されます。そのため、このホルモンは「闘争か逃走か」のホルモンともいわれています。馬は草食動物なので、アドレナリンは本来は「逃走」のホルモンといえますが、競馬のときに限っては「闘争」のホルモンとすることができるかもしれません。

**スターティング・ゲートの構造**

発走のときに入るスターティング・ゲートが日本で現在のような形式になったのは、今からおよそ50年ほど前です。それまでは、競馬の発走ではもっぱらバリヤー式という発馬機が用いられていました。

バリヤー式とは、スタート地点で横一線に並んだ出走馬の前にロープを張り、そのロープを上に持ち上げることでスタートの合図とするというものです。グランドナショナルというイギリスで大変人気のある障害競走では、現在でもこの発馬方式がとられています。

バリヤー式の発馬機は構造が簡便でよいのですが、発走前の位置取りでもめたり、突進や出遅れたりなど、問題のある発走が結構あったようです。グランドナショナルは長距離（約7240メートル）の障害競走なので、スタートの有利不利はあまり問題にならず、もめることも少ないのかもしれません。

発馬機がゲート式になって以降、何段階かの改良を重ねて現在のようなスタイルが完成されました。

スターティング・ゲートの扉は、昇降台に乗っているスターターがレバーを引くと、瞬時にすべて同時に開きます。扉は目にも止まらないほどの勢いで開きますが、一度開いた扉は決してはね返ったりせずにピタリと開いた状態のまま完全に静止します。仮にはね返ったりすれば、馬や騎手がけがをしかねません。

スタートの前、扉は永久磁石の磁力でバネの張力に逆らって閉じられています。スターターが手元のレバーを引くと電磁石に電気が流れ、永久磁石の磁力をうち消す方向の磁気が生じます。磁力が消えると同時にバネの力で扉は勢いよく開きますが、扉が一杯に開くと今度は大きなゴム製の吸着盤がその動きを瞬時に止めます。

現在JRAで使用されているスターティング・ゲートは、その素晴らしい性能のために海外にも輸出されています。

# 8 レースから逃げることを知った競走馬

調教師の中には、調教中の馬がハッピーかどうかを常に気にかけている人がいます。馬に嫌気を覚えさせないということはとても重要なことです。この点で、馬がハッピーかどうかを気にかけている調教師は名調教師といえるでしょう。そうした調教師に管理されてきた馬は、年齢が高くなってもズブい馬（エンジンのかかりが遅く、反応が鈍い馬）にならず、競走生活をいつまでも活き活きとした状態でまっとうすることができます。

**質問**

最後の直線でマッチレースに持ち込み、競り合っている2頭を見ていると、お互い負けまいとする闘志がひしひしと感じられます。でも2頭とも体力的には相当苦しいと思います。ふと思うのですが、馬は嫌になったりはしないのでしょうか？

（40歳　男性　競馬歴10年）

## 消えたダービー挑戦の夢

今から20年ほど前にラガーレグルスという競走馬がいました。この馬はそれまで7戦3勝、3番人気で2000年の皐月賞に臨みました。そこでアクシデントが起こりました。ラガーレグルスはスターティング・ゲートが開いた直後に立ち上がり、騎手を振り落としたのです。馬はその場で尻餅をつき、競走を中止しました。ただし残りの出走馬はすべてゲートを滞りなく飛び出し、レースは成立しました。

さて、話はここで終わりません。皐月賞で競走を中止したラガーレグルスの陣営は、この馬を捲《けん》土《ど》重来《ちょうらい》、ダービーに挑戦させたいという意向を持っていました。

競走馬はデビューを前にして、ゲートの中でじっとしていられるか、ゲートが開けば飛び出していけるかといったことを確認するために発走試験を受けます。合格して実際に競馬に出ていても、一度でも競馬の発走で大きな問題を起こした馬には再度試験が課せられます。ラガーレグルスについても再試験がおこなわれることになりました。そのため厩舎サイドは、トレーニング・センターに戻ると早速この馬のゲート練習を再開しました。驚いたことに、トレーニング・センターのゲートでは、まったく問題は認められませんでした。ゲートの中ではネコのようにおとなしく、ゲートが開けば勢いよく飛び出していきました。何回繰り返しても同じでした。

ラガーレグルスの再試験はダービーの前週、昼休みの競馬場で多くの競馬ファンの目前で実施されました。実際の競馬の雰囲気に近づけるため、ファンファーレと実況中継も馬場内に流されました。一回目はうまくいきました。ラガーレグルスは枠内で少し落ち着きのないそぶりを見せましたが、立ち上がることなくゲートが開いて飛び出していきました。

しかし発走する枠を皐月賞のときと同じ最内《さいうち》に変えた二回目。今度はゲートが開く前に立ち上がり、騎手は振り落とされてしまいました。この時点でラガーレグルスのダービー挑戦の夢は消えてしまいました。

**ラガーレグルスの心**

ラガーレグルスはゲートで立ち上がるという行動を、皐月賞のときに学習してしまったといえます。すなわち、ゲートで立ち上がるという行動は、競馬開催日の特有の雰囲気、群衆のざわめき、ファンファーレ、実況中継など、すべての環境要因と連合して馬

1999年、ラジオたんぱ杯３歳Ｓを制したときのラガーレグルス。2000年、ダービー前週のゲート再試験で不合格となり、そのまま引退した

に学習づけられたものと考えられます。トレーニング・センターの馬場でのゲートでは何も問題がなかった馬が、競馬場の独特の雰囲気のもとでスターティング・ゲートの中に誘導されたと同時に皐月賞のことを思い出し、そのときと同じ行動、すなわち立ち上がって騎手を振り落とすという挙に出たものと解釈できます。

さて学習の成立には報酬が不可欠です。ラガーレグルスは皐月賞でパニックになり、たまたま立ち上がり騎手を振り落としたものと考えられます。この行動が、条件が揃えば再び出現するということは、立ち上がったことで何か見返りがあったはずです。馬は立ち上がったとき、何を報酬として得たのでしょうか。

この馬は皐月賞までに7回競馬に出走していました。過去7戦で、立ち上がったことは一度もありませんでした。そして皐月賞で初めて立ち上がり、尻餅をつき競走を中止しました。ラガーレグルスはそのとき、馬場を他の馬と競い合って走らなくてすんだのです。競馬は、馬にとって大変心理的負担の大きいものと思われます。この馬にとって、報酬は「競馬で走らなくてすんだ」ということだと考えられます。ラガーレグルスはレースから逃げる方法を見つけてしまったのです。

一度学習し、ゲート再試験でいわば強化された記憶はぬぐいがたく、ラガーレグルスはそのあとの厩舎側の矯正の努力も実をむすばず、再び競馬場に姿を見せることなく引退してしまいました。もしラガーレグルスがレースから逃げることなく、皐月賞なりダービーを走りきったとすれば、勝っても負けてもそれなりの達成感を感じたものと信じます。

## ⑨ レース中に他の馬に咬みつく馬がいる

見ず知らずの馬を初めて同じ放牧地に放すと、匂いを嗅ぎ合い、威嚇し合い、お互いに立ち上がり、追いかけ合うといったダイナミックな相互行動が生じます。このとき、お互いに咬もうとしたり、前肢で叩き合ったり、蹴り合ったりといった、明らかに攻撃的な行動も多く見られます。しかしやがて落ち着き、何事もなかったように青草を食み始めます。一見仲がよさそうに見えますが、この平和は勝負づけが終わったからこそもたらされたものといえます。群れの個体の間での社会的順位が決まったあとでは、優位な個体は劣位の個体に対して耳を絞って顔を振り向けるだけで、その場から立ち去らせることができるようになります。

さて、どういう馬が群れの中で優位になれるのでしょうか。

**質問**　以前、名古屋競馬で競走中のサラブレッドが、前を走っている馬の騎手の足に咬みついて落馬させたという事件がありました。あの行動は、なにがなんでも勝ちたいという馬の闘争本能から生じたものなのでしょうか？
（44歳　男性　競馬歴10年）

## 走りながら咬みつく馬

馬が競走中に他馬や騎手に咬みつくという行動は、きわめて特異なものですが、ごくまれに見られる行動といえます。この名古屋競馬の事例もそうですし、拙著『サラブレッドはゴール板を知っているか』（平凡社刊）のカバーには、ゴール前でデッドヒートを演じている最中のサラブレッドが、一方の相手を咬みついている決定的瞬間の写真が使われています。

　こうした行動は、質問された方が考えられているような、なにがなん

『サラブレッドはゴール板を知っているか』（平凡社）のカバー写真には1980年米トレモントステークスのワンシーンが使われた

でも勝ちたいという馬の闘争本能から生じたものではないと思われます。おそらく、この行動は転嫁行動（嫁を転じる＝再婚という意味ではありません）の一つと考えられます。転嫁行動とは、何らかの原因で葛藤が生じたときに、関係のない第三者に対して攻撃などをおこなうことを指します。たとえば、自分が原因で仕事がうまくいかないのに関係のない部下に対して当たり散らす、といった行動が転嫁行動の一つの典型といえます。この馬の場合、苦しい競馬の中での騎手のゴーサインに対する葛藤が、手近な対象に咬みつくといった行動に転嫁されたものといえるでしょう。

## 個体間の優劣関係を決めるもの

さて、「咬む」という行動は、角や牙などのいわば武器を持たない馬にとっては、「蹴る」「逃げる」などとともに、数少ない身を守るための行動といえます。「咬む」「蹴る」といった攻撃行動は、危険から身を守るときに必要なばかりでなく、馬同士の間でも観察することができます。たとえばサラブレッド育成馬では、冒頭で述べたように、見ず知らずの馬たちを同じ放牧地で飼い始めた当初、頻繁に攻撃行動が観察されます。勝負は1回で終わるわけではなく、あるときはAがBに勝ったように見えても、次には

Bがに勝ったようにも見えます。しかし1か月もすると群れを構成するすべての個体間の勝負づけが終わり、社会的順位が確定します。個体間の優劣関係はきわめて安定しており、馬たちが競馬場に出て行くまでつづきます。

こうした社会的順位は、馬の体格で決まるのか、性格で決まるのかは興味深いことと思われます。そこで、私たちは群れで形成される社会的順位は、どんな要因で決まるのかを探るべく、観察をおこないました。

まず、異なる生産牧場から集められた9頭の1歳牝馬を同一の放牧地に放牧し、放牧初日から5日間、個体相互間の行動をビデオ撮影しました。

また群れにしてから2か月後に、威嚇行動を指標に、群れで形成された社会的順位を調べました。

2か月後の観察の結果、この群れでは9頭（A～I）の間に直線的な優劣関係が形成されていました。すなわち、馬AはB～Iすべての馬を威嚇し、BはAには威嚇されるがC以下すべてを威嚇する、IはA～Hすべての馬の威嚇の対象になるといった関係ができていました。

そこでまず、群れで形成された社会的順位とそれぞれの馬の体重・体高・生後日齢・

離乳日・生産牧場での同年齢の馬の数などとの関係を調べました。しかしこれらの要素は、社会的順位とは関係がありませんでした。

むしろ社会的順位は、馬の性格と関係しているようでした。

第一に、放牧当初に見られた威嚇行動の際の「勢い」が関係していました。当初AとBが出会ったときにはお互いに威嚇し合います。あるときはAが逃げ、あるときはBが逃げるのですが、相手に大きな反応を起こさせたほうが最終的には優位になっていました。具体的には威嚇行動のときに、相手を1歩後退させた馬よりも、10歩後退させた馬のほうが、順位が高くなっていたのです。すなわち威嚇行動に「勢い」があるほうが、最終的には社会的順位が高くなることがわかりました。

第二に「しつこさ」も重要なようでした。2頭の馬が出会ったとき、単にお互いの匂いを嗅ぐだけ、あるいは首筋を軽く咬み合うだけといった、攻撃行動を伴わない親和的な相互行動も見られます。この場合、2頭の馬が出会い、しばらくしてからどちらかの馬がその場を去りますが、去っていく馬を追いかける馬と、放っておく馬がいました。相手が去るにまかせるのではなく、しつこく後を追っていた馬のほうが、2か月後に調べた社会的順位は高くなっていました。すなわち、親和的な相互行動のときに、いつまでもしつこい馬のほうが、最終的には社会的順位が高くなっていたのです。

動物で見られた現象を、そのまま人間社会に当てはめるのは、軽率であり、厳に慎むべきだとは考えます。しかし「勢い」＝「モチベーションの高さ」と、「しつこさ」＝「志の持続」は人間の社会でも自らを高めるためにはきっと不可欠なことだとはいえるでしょう。

## 10 オスとメスの競走能力の違い

競馬では、ときとして牡馬をしのぐ能力の牝馬が出現します。２００７年のダービー馬ウオッカは、その代表的存在といえます。彼女は天皇賞（秋）、ジャパンカップなどＧⅠ通算７勝、まさに女傑といってもよいでしょう。今回は牡馬と牝馬の競走能力に関する質問です。

**質問**

私は強い牝馬が大好きです。実は私、バツイチで現在シングル。20代で離婚したあとは仕事一筋の生活を送ってきました。仕事では男性に負けないと思っていますが、悔しいことにゴルフのドライバーの飛距離は、男性にかないません。そこで質問ですが、馬の走る能力には男女差はないのでしょうか。お教えください。

（37歳　女性　競馬歴13年）

## 女傑と限定レース

牡馬と牝馬の走る能力の違いという質問ですが、結論的には、人と同じように馬でも明らかに牡馬のほうが牝馬よりも走能力に関してはすぐれている、とすることができます。たとえば天皇賞では牡馬は3歳であれば56キログラム、４歳以上であれば58キログラムの負担重量を背負います。一方、牝馬はそれぞれ2キログラム負担重量が軽減されます。すなわち牝馬は同齢の牡馬に比べて2キログラム少ない重量を背に、競馬を走ることになります。

第29回ジャパンカップ、１着でゴールするウオッカ（５番）

牡馬が牝馬に比べて走能力がすぐれているという事実は、競馬番組（レースの施行条件や出走条件を記載したもの）にも表れています。エリザベス女王杯は、文字通りその年のサラブレッドの女王を決めるレースといえますが、このレースへの出走は、もちろん牝馬に限定されています。このように出走が牝馬に限定されるレースは、桜花賞、オークス、秋華賞などいくつもあります。それに対して、牡馬限定レースは現在のJRAの競馬には1レースもありません。皐月賞でもダービーでも牝馬の挑戦は許されるのです。

さて、レースを特定のカテゴリーの馬に限定するというのは、そもそものカテゴリーに含まれる集団を守るという思想の表れといえます。JRAの競走には九州産馬限定のレースが組まれており、かつては東北産馬限定競走もありました。しかし時代が進むにつれて保護の必要性が薄れ、そうした限定レースは順次廃止されてきました。

保護の必要性がなくなったことで廃止された限定レースの嚆矢《こうし》は、父内国産馬（父親が日本生まれの種牡馬）限定レースといえます。父内国産馬限定レースは、かつてはきわめて少なかった内国産種牡馬の種付けを少しでも増やそうしたものです。この限定レースが2007年に廃止された理由は、内国産種牡馬が外国産種牡馬と充分比肩しうる実力ある存在になったということでした。もっとも、今や比肩どころか、日本のサラブレッド繁殖牝馬の7割以上が日本で生産された種牡馬に種付けされるようになってきています。

話が少しずれてしまいましたが、何はともあれ競馬における牝馬限定レースの存在は、牡牝の間の走能力の差の反映とすることができるのです。

## 競走能力における性差のメカニズム

さて、一般的に哺乳動物のメスはオスに比べて走能力や跳躍力は劣ります。このことは、ヒトの陸上競技の世界記録を見ても明らかです。男子陸上競技100メートルの世界記録はボルトの9秒58なのに対して女子はジョイナーの10秒49で、0・91秒の差があります。また、エネルギー消費の面で競馬に最も近いとされる800メートル競走の世界記録は、男子が1分40秒91であるのに対して、女子は1分53秒28で約12秒以上の差があります。

哺乳動物の、こうしたオスとメスの走能力の差は、主に筋肉の違いにあるとされています。体幹部の筋肉の総重量はメスのほうが明らかに少なく、逆にメスの筋線維のほうが、オスの筋線維よりも水分を多く含んでいます。また持久力と深く関わる最大酸素摂取量（単位時間内で体に酸素を取り込める能力の限界）もメスのほうが劣ります。さらにメスの心臓はオスよりも小さく、血液量も明らかに少量です。

動物には成長の途中で性ホルモンの分泌が急にさかんになる時期が存在します。もっぱらオスは男性ホルモンと呼ばれるアンドロジェンの作用で、またメスはエストロジェンの作用で前述した生理学的な性差が目立ち始めます。そうした性差が運動能力の差として明らかになるのは、競走馬では2歳の秋を過ぎたころといえます。実際、2歳の10月以降、競馬では負担重量に牡と牝の間で1キログラムの差を初めてつけます。さらに、3歳の9月からはこの差は2キログラムとなります。

## 11 馬はゴール板を知っているか

ゴール前の直線、2頭の馬がせりあって手に汗を握るようなデッドヒートを演じる。最後は、クビの上げ下げでの決着。こんなレースを見ると、どちらの馬からも、負けるものかという勝負への強い意志を感じます。うまく調教された競走馬であれば、追い込みの体勢に入った騎手の合図に対して、自分が今やるべきことは、全力を振り絞って他馬を抜き去ることだとわかっているものと考えられます。ただし彼らは、フィニッシュラインの存在まで知っているのでしょうか。

**質問**

およそ半世紀前のダービーの日、私は集団就職以来世話になってきた先輩に連れられて、初めて競馬場に行きました。そのとき勝った馬は忘れもしないシンザンです。シンザンはあのころ、ゴール板を知っている馬と呼ばれていました。当時は、私もそんなものかなあと思っていました。そこで質問ですが、一般的に競走馬はゴール板というものをわかっているのでしょうか。

（73歳　男性　競馬歴50年以上）

## ゴール板を知っていた名馬

シンザンがダービーを勝ったのは昭和39年、もうすでに伝説の名馬といってもよいでしょう。この年ダービーで2冠となったシンザンは、菊花賞にも勝ち日本競馬史上2頭目の三冠を達成しました。シンザンの追い込みのときの脚の鋭さは、「鉈《なた》の切れ味」と形容されていました。

また、質問者が書かれているように、シンザンは現役時代「ゴール板を知っている馬」ともいわれていました。どんなに相手との実力差があっても決してぶっちぎりで勝つことはなく、生涯成績15勝（19戦）のほとんどを、せいぜい2、3馬身以内の僅差で優勝しました。まるでこの馬は、たとえ鼻差でも勝ちは勝ち、ということがわかっているかのように見えたわけです。またゴールを過ぎればすぐに力を緩め、どの馬よりも先に走るのをやめました。こうしたことからシンザンはゴール板を知っている馬といわれていたのです。

## 分かれたトップジョッキーの見解

私が以前出した『サラブレッドはゴール板を知っているか』という本は対談集なのですが、岡部幸雄、武豊という日本を代表する２人のジョッキーが登場し、「競走馬はゴール板を知っているか？」という問いに答えています。おもしろいことに１人は肯定し、１人は否定しています。

競走馬は、競馬を何回か経験すれば、コース上のどの地点で自分がどういう走り方をすればよいかがわかるようになってきます。ゴール直前のスタンド正面では全力でスパートをかけ、ゴール板を過ぎれば力を抜く。馬は過去の競馬の経験の中で、こうした自分の役割を学習します。騎手が落馬してカラ馬で走ってきた馬が、勝手にゴール前でスパートをかけて苦笑を誘うことがありますが、まさにそうした証拠から、馬はゴール板を知っている、というのは武騎手です。

かたや岡部騎手は、馬はゴール板の意味がわかっていないといいます。ジョッキーの指示に従うだけであり、だからかつてジャパンカップに出走したコタシャーンも、ジョッキーがフィニッシュラインを間違って合図したので、走るのをやめようとしたのだ、というのです。皆さんはどちらが正しいと思いますか?

ただ、ゴール板の存在は知っていても、自分が勝ったかどうかまではわかっていないだろうと武騎手はいっています。

ところで、1着でゴールした愛馬の肩を、鞍上からジョッキーがぽんぽんと叩くのをよく見かけます。なにげない動作ですが、こうした愛撫は馬との信頼関係を維持し、その関係を強めるためにはとても大切なことといえます。苦しいレースを走り抜き、力を出しきった馬はゴールを過ぎればハミから解放され、騎手からの愛撫を受ける。これらのことは馬にとって何よりの報酬となり、次の競馬へとつながっていきます。

こうした馬の心に対する配慮は何も今に始まったことではありません。

古代ギリシャ時代の軍人にクセノフォン(BC428ごろ~BC354ごろ)という人がいました。彼はソクラテスの弟子であり、戦記や随筆など何冊もの書物を残していますが、彼が書いた書物で最も有名なのは「馬術論」という本です。

クセノフォンの「馬術論」には、馬の選び方、騎乗法、調教法、騎乗しての武器の使い方などさまざまなことが書かれていますが、中でも特筆すべきは馬を取り扱う場合の心得について記された部分です。「馬が指示に素直に従ったときには喜ぶところを触って誉めること」「馬が怖がっているときは叱らずに落ち着かせ、恐れることはないと教えてやること」などが明記されています。この書が、蹄鉄も鐙もまだ発明されていない、今から2000年以上前に書かれたことを思うと、感銘すら覚えます。

## コラム2
## ディープインパクトの持久力

競走馬は、酸素を燃やして産み出す有酸素エネルギーと、酸素を使わない無酸素エネルギーの両方をフルに利用して走っています。その両方のエネルギー供給能力が、ともにすぐれていなければ三冠馬にはなれません。

まず有酸素エネルギー。この供給能力は、持久力の高さにつながります。ディープインパクトは、この点は折り紙つきでした。

持久力は、疾走中の馬の心拍数が最大になったときのスピード（秒速）を計ることで推定することができます。VHRmaxと呼ばれる数値ですが、現在JRAの競走馬診療所では、厩舎側の要請があれば、GPS（全地球測位システム）と心拍計を組み合わせた装置を使って、計測をおこなっています。管理馬の調教に役立ててもらうためです。

デビュー当時のディープインパクトのVHRmaxとしては、2歳12月の新馬戦の最終追い切り（レースの3、4日前におこなう、仕上げの調教）の記録が残っていますが、このときの値は16・3（m/s）、2歳馬の平均値が13・4であることを考えるとダントツに高いといえます。実際このときの競馬は楽勝でした。

以来、この馬のVHRmaxはずっと記録されてきましたが、終始高い値を保っていました。唯一負けを喫した2005年の有馬記念の最終追い切りでも、他のレースのときと特に遜色はなく、コンディションは悪くなかったことがわかります。

次に無酸素エネルギー。いわば瞬発力を支えるエネルギーです。無酸素エネルギー供給能力がディープインパクトでとりわけすぐれていることは、この馬のゴール前の伸び方を見れば一目瞭然でした。しかし、それをあらかじめ知ることは難しいものです。

ＪＲＡ競走馬総合研究所では、馬の無酸素エネルギー供給能力を科学的に評価するシステムを、米国カリフォルニア大学と共同で作り上げました。まだ正確さの向上など改良する部分があるため、実用化にはいたっていませんが、近い将来、馬の無酸素供給能力を正確に評価できるようになると考えています。

# 第3章

# 強い競走馬をどうやって育てるか

## 勝負は牧場にいるときから始まっている

## 1 訓練は胎児のときから

競走馬の生産地ではお正月が明けると子馬たちがぽつぽつ誕生し始めます。出生のピークは4月、若芽が芽吹き始めた放牧地に親子が集います。今回はサラブレッドの子馬に関する質問です。

**質問**

私が飼っている愛犬が子犬を3匹産みました。子犬たちはいつも寝てばかりで、やっとはいはいをするくらいです。お馬さんの赤ちゃんとは大分違うような気がするのですが、馬と犬の赤ちゃんはどんな違いがあるのか教えてください。

（22歳　女性　競馬歴1年）

**生まれて3時間で走り回る**

犬は1回のお産で複数の子犬を出産しますが、馬は原則として1頭しか生まれません。

また妊娠期間は犬が約２か月なのに対して馬は11か月です。ちなみにゾウはとても長くおよそ20か月、キリン14か月、逆にネズミは受胎して20日で赤ちゃんを産みます。

犬の赤ちゃんと馬の赤ちゃんとの間で、発達の面で最も目立つ違いは、犬は未熟な状態で生まれるのに対して、馬はかなり成熟した身体機能を持って生まれてくるという点にあります。

生まれたばかりの犬の赤ちゃんは、目も見えませんし立ち上がることもできません。目が見えるようになるのは生まれて２週間後ですが、このときでも犬の赤ちゃんは、まだ這って動くことしかできません。これに対して馬の赤ちゃんは生後30分で眼で物を追うことができますし、２時間もしないうちに立ち上がります。そして３時間後には走ることも可能となります。

両者のこうした行動発達のスピードの違いは、それぞれの動物がかつて生活していた環境と深い関係があります。

犬の祖先はオオカミですが、体はそれほど大きくないため、赤ちゃんを隠せる洞穴など安全に子育てができる場所をすぐ見つけることができました。また、いざとなれば母親は、赤ちゃんを狙ってやってきた敵を威嚇して追い払うことができました。

これに対して馬は、昔はひらけた草原を生活の場としていました。体が大きいため安全に身を隠す場所を簡単に見つけることはできません。草食動物である馬は、常に肉食動物に狙われる存在ですが、特に出産時は無防備になりがちです。危険を避けるためには、母子ともに出産場所を早々に離れ、群れに合流することが求められました。そのためには、子馬はなるべく早く立ち上がり、母馬のあとを追って移動する能力を持つ必要があったわけです。

**母体内で準備運動**

生まれて間もなくに立ち上がり、歩き回るための準備は、子馬がまだ母馬の胎内にいるときから始まっています。

胎動、すなわち胎児の母体内での動きは、馬は他の動物に比べ非常に盛んなことが知られています。これはおそらく、出生後すぐに活動的になれるための準備運動と考えられます。サラブレッドの胎児も生まれる前の胎動は激しく、先祖の習性をそのまま受け継いでいます。これは、見方を変えれば、サラブレッドの場合、将来強い馬になるためのトレーニングが、胎児の時代から始まっているということにもなります。

胎児の激しい胎動により子宮が傷つかないような仕組みも馬は有しています。胎児の蹄を覆っている「蹄餅《ていぺい》」がそのしくみです。

胎児の蹄は4か月ぐらいから形成されてきます。それとほぼ同時に蹄餅の形成も始まり、蹄底を覆うように成長していきます。蹄餅は蹄と同じ角質と呼ばれるタンパク質でできており、スポンジ状で絨毯の毛を丸めたような構造をしています。蹄餅は、激しい胎動のときにとがった蹄の先で母体の子宮を傷つけたり、出産の際に産道を痛めたりしないようにする役割があるものと考えられています。

子馬は、その餅を四肢の蹄であたかも握ったような状態で生まれてきます。生まれ落ちたあと、四本脚で立てるようになると子馬は蹄餅を手放します。そして立ち上がった子馬のかたわらには、まるでお供え餅のように4個の蹄餅が置かれているのを見ることができます。

## ② 子馬誕生は牧場の一大イベント

7月の声を聞くと同時にサラブレッド生産地の繁殖シーズンは終了します。年明けからぼつぼつ始まって4月にピークを迎えた出産、出産に引き続いて繁殖牝馬をお乳を飲んでいる子馬と一緒に種馬場まで連れていかなければならない種付けと、生産牧場の人たちは休むひまもありません。

**質問**　馬のお産は夜が多いと聞きました。お産が近いと思われる牝馬はそのまま放っておくわけにもいかないと思います。その辺の苦労話をお聞かせください。

（42歳　男性　競馬歴10年）

**馬のお産を監視するのは誰か**

サラブレッドには種付けのときに高額な投資をしています。種付け料は種牡馬によってピンからキリまでですが、中にはディープインパクトのように４０００万円もする種牡馬もいます。そうした高額な投資をして、お母さんのお腹で順調に発育してきた子馬が、出産のときに難産になったり、ましてやそれが原因で死んだりしたら元も子もありません。ですから生産牧場の人は、極力出産に立会い、何かあればすぐに獣医さんを呼びたいと考えています。

昔は、どの牧場も馬の分娩が近くなると、厩舎にこたつやベッドを持ち込んで馬房の前で干し鱈をかじりつつ花札なぞしながら、出産の監視をしていました。しかし現在では、ほとんどの牧場で監視カメラが使われています。万引き防止などのために監視カメラが大量生産されるようになって、値段が安くなったことも、馬の生産牧場にカメラが普及している要因といえるでしょう。

撮影中の繁殖牝馬の映像は、リビングなど人の居住区域に置いたモニターで監視できるようになっています。便利になりましたが、だからといって寝ないでモニターを監視する人が不要になったわけではありません。出産の予定日がずれれば、牧場の人たちも寝不足になってしまいます。

ただ日高などの、家族で経営しているような牧場は、東京などの核家族とは違い、二世代、三世代で同居しているところがたくさんあります。このような牧場では、その家族構成を上手に利用して、誰にもストレスのかからない分娩監視をしています。

すなわち「深夜の2時か3時ごろまでは若いもんが監視し、そのあとは爺ばばに交代する」というものです。このフォーメーションは、若い人は夜に強い、年取るとどうしても早く目覚めてしまう、という生理的な特性を利用した合理的な方法と考えられます。

馬は夜ばかりでなく昼間に放牧地で生まれてしまうことも、たまにあります。そのため多くの牧場では、分娩が近づいた繁殖牝馬は、昼間はなるべく人の目の届く場所に放牧するようにしています。それでも予測に反して早産で、人目のつかない遠くの場所で子馬が生まれてしまうことがあります。

牧場の人は、放牧地でお産が始まったことを、動物に教えてもらうことがあるそうです。放牧地の上空をトンビやカラスがたくさん飛んでいたり、キツネが走っていったりするのです。彼らは子馬のあとに母馬が娩出する胎盤を食べようと集まって来ているのです。

## 休暇をとれない種牡馬

さて繁殖シーズンも終わり、種付けという大事な仕事をやり終えた種牡馬には、これから長期の休養が待っています。ただし休養がとれずに、すぐにパスポートを持ってオーストラリアや南アフリカに旅立つ、国際ビジネスマンみたいな種牡馬もいます。いわゆるシャトル・スタリオンと呼ばれる馬たちです。

日本も含めて北半球では馬は春に生まれますが、南半球では10月に出産のピークを迎えます。２０１０年と２０１１年の高松宮杯を連覇し現在は種牡馬となっているキンシャサノキセキはオーストラリアで9月24日に生まれました。南半球の繁殖シーズンが半年ずれるのは、馬の性周期が日照時間によってコントロールされているからです。北半球のクリスマスは雪が定番ですが、南半球ではクリスマスは海水浴シーズンです。

馬の出産の時期が地球の南北で半年ずれるということは、種付けシーズンも同様に半年ずれることを意味しています。日本で6月に種付けシーズンを終えた優秀な種牡馬は、これから種付けシーズンが始まる南半球に輸送して、その土地の繁殖牝馬に種付けさせるのです。現在、そのように地球の空を行き来する種牡馬の数は１００頭を超えています。

## ③ 放任主義の母馬、過保護の母馬

春先に北海道日高の牧場を訪ねると、生まれて間もない子馬がお母さん馬のあとを一生懸命ついて回る情景を目にすることができます。馬のお母さんは子馬をとても可愛がります。生まれて数週間は、自分の子馬に近づこうとした馬を誰彼かまわず威嚇して追い払います。自分と子馬の間に降り立った小鳥まで追い払うという観察例もあるほどです。

**質問**

私、母になりました。男の子の母親です。赤ちゃんが愛しくてたまりません。お馬さんのお母さんも自分の子はきっと愛おしいんでしょうね。♪お馬の親子は仲良しこよし、いつでも一緒にポックリポックリ歩く……という歌にもありますしね。

（31歳　女性　競馬歴　見るだけ）

## お馬の親子

子馬は生まれて2時間もすれば立ち上がり、そのあとはいつでもお母さんのあとをついて歩くようになります。

放牧地に佇む母子。子馬は生まれて2時間もしないうちに立ち上がり、母馬のあとをついて歩くようになる

同じ有蹄類でもヤギやシカの親子は、いつもは一緒にいません。お母さんが草を食べに遠くに行っている間、子どもたちはハイダーサイトと呼ばれる隠れ場所で遊んだりしながらお母さんを待っています。

さて私が最初に馬を研究対象として取り組んだテーマは、まさに母子関係でした。馬の母子関係は子馬の成長とともにどう変わっていくのか、子育ての仕方に個体差があるのか、子馬同士の関係はどう変わっていくのか、などを調べようとしました。

まず母馬と子馬が放牧地でどのくらい離れてい

るかを1分ごとに計測し、その距離が子馬の成長とともにどう変化するかを解析しました。その結果、生後1か月くらいまでは、どの親子も平均すると1馬身以内の距離に位置しているのですが、成長とともに距離は伸びてゆき、6か月になるころには平均9馬身にまで離れて位置するようになりました。子馬によっては、大きくなるとお母さんからずっと離れて遊んでいて、お乳を飲むときだけ戻ってくるといった行動をとるものもいました。一方で6か月齢になってもあまり母子間の距離が広がらない親子も存在しました。こうした個体差は放任主義の親と過保護の親を連想させますが、残念ながらそうした親子関係の相違が、成長したあとの馬の性格にどういう影響があるかはわかっていません。

授乳の仕方にもお母さんによる違いが認められました。どの母馬も1回の平均授乳時間は60秒から70秒までであまり違いはなかったのですが、時間のばらつきに個体差があったのです。すなわち、あるお母さんは、いかにも几帳面に毎回65秒でぴたっと授乳をやめていたのに対して、別のお母さんは、気分が散漫なのか、あるときは10秒で授乳をやめたり、あるときは2分近く飲ませ続けたりしていました。ただしよく調べてみると、このばらつきの違いは、母馬の性格の違いではなく経験による違いであることがわかりました。すなわち子育て経験のある馬ほど、授乳時間のばらつきは少なかったのです。授乳という、いかにも本能的と思わせる行動にも、学習によるスキルの向上が認められたのです。

## 子馬の離乳

子馬は成長とともに子馬同士で遊ぶようになります。どの子馬がどの子馬と遊んでいたかを記録して解析した結果、子馬の精神的な成長もかいま見ることができました。

生まれた当初は、子馬はせいぜいお母さんにじゃれつく程度で、子馬同士ではあまり遊びません。それでも2～3か月齢くらいになると、たまたま近寄ってきた他の子馬を相手に、よく遊んだりするようになります。ただし、このときに特定の相手を選ぶことはありません。しかし、6か月齢ぐらいになると、牡の子馬は牡を遊び相手として選び、牝の子馬は牝同士で遊ぶようになっていきました。

人の子どもでも、幼稚園では男の子も女の子と手をつないで遊んでいたのに、小学校に入ったとたん同性同士で遊ぶようになったりします。人の場合は、男の子は男らしく、女の子は女らしく、といった社会的な圧力があるのかもしれませんが、もちろん生物学的な背景も存在するに違いありません。

子馬では、6か月齢になると明らかに遊び相手として同性の子馬を選ぶようになることから、この時期を馬の社会性の芽生えの時期とすることができるかもしれません。

こうした現象は、子馬をいつ離乳したらよいかを考えるうえでヒントとなります。

サラブレッドの子馬は自分の弟や妹が生まれる前に、母馬から強制的に引き離されます。いわゆる離乳です。離乳の目的は母体の保護と子馬の自立を促すことで、子馬にとって母馬の存在が必要でないと判断されたときにおこなわれます。

離乳は早い牧場では生後4か月で、普通は6か月齢ぐらいで実施されます。母馬の乳の栄養価は子馬を産んでから4か月もすると急速に低下していきますが、そのころには子馬は青草も口にしますし、離乳食も消化できます。栄養的には離乳してもいっこうに問題はありません。ただし離乳は母子ともども、相当に精神的ストレスの大きい経験といえます。実際、離乳された母子馬はいつまでもお互いを呼び続けます。離乳によるストレスを少しでも軽くするには、子馬に社会性が芽生えた6か月齢以降に実施したほうがよいのかもしれません。

# ④ 女馬は叱るのが難しい

馬は今から6000年ほど前に家畜化されたといわれています。サラブレッドは、家畜化された馬たちの中から選択育種（より速いもの同士を掛け合わす）を重ねて作り出された動物です。一方、家畜化にともない純粋な野生馬は地上からいなくなってしまいました。しかし世界各地には家畜として飼われていた馬が逃げてふたたび野生化し、したたかに生き延びている集団が存在します。彼らの生活を調べることで、馬の本来の生態を知ることができます。さて今回は悩み多きお父さんからの質問です。

**質問**

競馬、毎週楽しませてもらっています。ところで私には息子（高2）と娘（中3）がいます。娘とは、普段は普通に話をしますが、息子とはうまくコミュニケーションがとれません。彼から私に話しかけてくることはまずありません。もっとも自分も若いころは親父がうっとうしかったような気がします。そこで

——質問ですが、お馬さんはその辺のところどうなっているのでしょうか。女馬と男馬の精神的な違いにも興味があります。（46歳　男性　競馬歴20年）

## 群れを離れるタイミング

サラブレッドの場合、父親は子育てにまったく関与しません。はっきりいって、協力すれども介入せず、です。

これに対して、野生状態で生活している馬のお父さんは頼りになる存在です。子馬と遊んでやりますし、いざとなれば体を張って家族を外敵から守ります。

野生で生活している馬たちは、普通一頭の成熟した牡馬、複数の牝馬とその子馬たちという、いわば一夫多妻の群れ（ハレム）をつくって子育てをします。春先に生まれた子馬はお母さんのミルクを飲んですくすく育ちます。

前述したようにサラブレッドの場合は、大部分が生後6か月までには、人の手によって母馬から強制的に引き離され（離乳）、別の場所で飼われるようになります。離乳は子馬に自立を促し、競走馬として要求される人との絆を形づくる効果があります。

一方、野生状態で生活している子馬は、お母さんのミルクをいつまでも飲んでいます。

生後1年を過ぎて弟や妹が生まれたあとでも、母親のミルクを盗み飲んだりすることもあります。そうした野生で生活する子馬たちにもやがて母親のもと、すなわち生まれ育った群れを離れる時期がやってきます。

野生の群れで生まれた牡の子馬は早くて1年齢、多くは2年齢までに群れを離れていきます。牡子馬の場合は、実の父親である群れの牡馬に追い出されます。男っぽくなってきた息子を父馬は威嚇して追い回し、ついには群れから追い出してしまうのです。群れから出た子馬は、他の群れから同じように追い出された馬たちと小さな群れを作って生活します。そして、いずれ自分のハレムを作ることになります。

牝の子馬も同じころに群れを離れます。ただし牝子馬の場合は、父親に追い出されるわけではなく、むしろ自発的に群れを出ていきます。牝子馬も春になれば発情しますが、若い牝馬の発情はあまり魅力がないとみえ、父親は彼女を相手にしません。彼女がふらふらっと群れを離れてもあえて引き戻そうとはしません。そしていつの間にか牝の子馬は他の群れに合流するのです。

野生で生活する子馬たちがこのように2年齢ぐらいまでに生まれ育った群れを離れるのは、たくまずして近親での交配を避けるという結果につながっています。

## 繊細な女馬

さて競走馬の話。

男馬と女馬は種々の点で異なっています。走能力はもちろんですが、精神面でも男馬と女馬はかなり差があります。競走馬と身近に接してきている厩舎関係者は、女馬を叱るのはとても難しいと一様に話します。人の指示に従わなかった場合、男馬ならピシッと懲戒すると素直に従うようになるのに対して、女馬は叱るとむしろどんどん悪くなってしまうケースが多いというのです。

こうした差は、女馬のほうが恐怖感を持ちやすいということに原因があるのかもしれません。実際、トレーニング・センターに競走馬が入厩する際におこなう健康チェックでてこずるのは、女馬が圧倒的に多いといえます。女馬が初めての場所で知らない人ばかりに囲まれると、強い不安感と恐怖感を覚えるためだと考えられます。

人が、こうした繊細な性質を備えた女馬から信頼を勝ちとるためには、つきあう際に慎重な配慮が必要とされます。厩舎関係者の中には、女馬に対しては絶対に懲戒を加えないという人もいるほどです。

# ⑤ 欧米式のしつけを導入

現在でこそ日本には、欧米の馬たちに負けないくらい素直でおとなしい競走馬が増えてきました。しかしＪＣ（ジャパンカップ）が創設されたころは、日本馬に比べて、来日した欧米の一流馬のほうが競馬を前にしてもずっと落ち着いていることは、誰の目にも明らかでした。

**質問**

先般、フランスの厩舎で仕事をしている日本人についての記事を読んでいたら、フランスの馬は日本の馬と比較にならないくらいおとなしいと書いてありました。日本もフランスも同じサラブレッドで、遺伝的には近いと思うのですが、性格がそれだけ違うということはどういうことなんでしょうか？

（35歳　男性　競馬歴10年）

## 欧米の競走馬はおとなしい

海外のすぐれた競走馬を招待しておこなわれるＪＣは、１９８１年に開始されました。それまで、日本の競馬は、いわば〝鎖国〟競馬でした。外国で生まれて日本で育成された競走馬でも、出走できるレースは限られていました。ましてや、外国の現役競走馬が日本の競馬で走ることはありませんでした。また日本の厩舎関係者が、多くの海外の一流馬の調教や日常の管理の実態を目にする機会なども、外国に行かない限りありませんでした。

ＪＣに招待され来日した競走馬は、体力を落とさないように調教を続けながら検疫を受けます。レースの週にはＪＣの開催場である東京競馬場の国際厩舎に移動し、競馬場の馬場で調教、追い切りをおこないます。ＪＣ創設当初、そこで初めて海外の一流馬の日常を目の当たりにした日本の厩舎関係者の間では、さまざまなことが話題になりました。それはカルチャーショックともいうべきものでした。

たとえばウォーミングアップとクーリングダウン。欧米の厩舎では調教の前と後に厩務員が手綱を持って、30分でも1時間でも延々と馬を常歩で歩かせます。当時、そんなことをしている厩舎は、日本にはありませんでした。しかし、調教時のけがの予防、疲

第9回ジャパンカップ優勝のニュージーランドの牝馬ホーリックスと筆者（1989年）。右の女性は担当厩務員

労の早期回復などの点で、こうした作業はきわめて理にかなったことといえます。以後、日本の厩舎でも取り入れるところが増えていきました。

また外国の馬は、どうしてあんなにおとなしいのだろうか、ということも話題になりました。たとえば招待馬の調教師と馬主が愛馬のそばで話をしている。なんでもないことのように思えますが、立っている場所が問題です。彼らは馬の真後ろに立っていたのです。日本では、馬は蹴るものと教えられます。絶対に真後ろに立ってはいけないと。しかし、その外国馬は蹴るそぶりも見せませんでした。

こうした競走馬の落ち着きやおとなしさの要因は、子馬のときからのしつけによるものと想像されます。そこで私たちは、日本における子馬のしつけの実態を知るために、北海道のサラブレッド生産牧場25牧場にお願いして、計２５０頭の子馬の調査を開始しました。

### 幼駒の調査

調査は対象とした子馬たちの日齢が、平均約45日、90日、160日の時期に計3回実施しました。調査では、子馬を1頭ずつ連れてきてもらい、人（研究所員）が近寄ったとき、額を触ったとき、巻尺で胸囲を測ったときなど、見知らぬ人の計6通りの働きかけに対して子馬がどう反応するかをスコアとして記録しました。たとえば近寄ったときにまったく逃げようとしなければ4点、動きはしたが2歩以内なら3点というように各スコアの基準を決めました。この採点システムでは、人に何をされようとじっとしている子馬は満点の24点、落ち着きがないほど順次減点され、大騒ぎをして鼻ネジなどの道具を使わないと体も触れない子馬は最低点の6点ということになります。

そうして記録したスコアを解析した結果、いくつもの興味深い成績が得られました。たとえば牧場ごとの平均スコアには、子馬の日齢が進むにつれ、大きな差が生じていくことがわかりました。平均日齢が45日の1回目の調査では、牧場間でそれほど平均スコアに差はありませんでした。しかし、2回目の調査（90日齢）で差が目立ち始め、3回目の調査（160日齢）では満点かせいぜい減点1の子馬しかいない牧場がある一方で、そんなおとなしい子馬は1頭も存在せず、近づこうとすると逃げまわる子馬がほとんどという牧場まであるといった、牧場間での明らかな差が見出されたのです。

## 子馬をめぐる環境の違い

こういった牧場ごとの子馬の行動の違いは、各牧場の環境の相違と、そうした環境からくる子馬の取り扱い方に強く影響されているものと考えられました。そこで、それぞれの牧場をいろいろな角度から比較してみました。

まず牧場の規模を比べました。調査対象の牧場は繁殖牝馬が5頭程度の小規模の牧場から、繁殖牝馬が50頭を優に超える大牧場までありました。しかし牧場の規模と、そこで生産して育てられている子馬のおとなしさとの間には、明らかな関係は認められませんでした。

次に従業員の数と繋養《けいよう》頭数との比を調べました。すなわち牧場の従業員一人当たり何頭の馬を世話しているかを計算して、その影響を調べたのです。結果は明らかでした。人手の多い牧場ほど子馬はおとなしかったのです。子馬がおとなしい上位3牧場と下位3牧場とでは、一人当たり世話をする馬の数は2倍程度の開きがありました。「いじくりまわす」ことを北海道では「ちょす」といいますが、人手に余裕があれば、その分多くの時間を子馬を「ちょす」ことに費やすことができ、結果として人に対して物怖じしない子馬になるものと考えられます。

また朝晩の放牧、集牧方法と、子馬のおとなしさにも明らかな関係が認められました。放牧の方法は大きく次の2種類に分けられました。①母子一組ずつ手綱をとって厩舎から放牧地まで連れて行く方法、②厩舎から放牧地までロープなどで誘導路を作って、母子の集団を後ろから追うなどして一気に放牧する方法、の2種類です。両者を比較すると、①の方法をとっている牧場の子馬は、②に比べ総じておとなしい子馬が多いという成績が得られました。①の方法では、子馬が人と寄添って歩く時間が必ず存在し、その間、子馬の人に対する信頼感が深まると考えられます。一方、②は手間がかからず、きわめて省力的でかつ合理的な方法といえます。しかし、この放牧法では人との信頼関係を作る機会はほとんどありません。

毎日のブラッシングや手入れは、病気の予防やケガの早期発見のためにも重要ですが、人との信頼関係を作るうえでもきわめて大切なことと考えられます。子馬への手入れの時間や方法については、各牧場に対してアンケート形式で調査をして分析をおこないました。しかしこの方法は失敗でした。どの牧場も、手入れは精魂こめて毎日やっているように記入されていたのです。おそらく25牧場すべてが事実を答えてはくれなかったものと思われます。

## 子馬の個性は予測できる

日常の作業の、ちょっとしたことも子馬のおとなしさに影響を与えているようでした。調査対象の牧場で、放牧されている子馬たちを眺めていたとき、筆者はあることに気がつきました。その牧場の子馬たちは、放牧地で頭絡《とうらく》（頭部につける革製の馬具）を着けていなかったのです。そこで急遽他の牧場を調べてみると、少数ですが放牧子馬が頭絡を着けていない牧場がありました。しかもそうした牧場はおとなしい子馬ばかりいる上位の牧場に集中していました。これらの牧場は、頭絡を柵などに引っかけてケガをしないように、放牧地の入り口でわざわざ頭絡をはずし、集牧時に再度着けていました。手間はかかりますが、頭絡の着脱のときに一瞬、人と馬の距離がなくなります。その毎日の繰り返しが、子馬の人に対する信頼関係の醸成にも役立っていたものと考えられました。

さて、こうした子馬のおとなしさに関する調査は、子馬たちが離乳（およそ6か月齢）したあと、セリに出場したり他の牧場に移動したりする14か月齢前後まで続けました。解析の結果、各牧場で生産された子馬のおとなしさを示すスコアの平均値は、3か月齢と14か月齢との間で有意な正の相関関係が認められました。すなわち、3か月齢での子馬たちの様子をみれば、ほぼ1年後の子馬たちの行動を予測することができるということです。梅檀《せんだん》は双葉より芳《かんば》しということでしょうか。

## ⑥ 放牧地はどのくらいの広さが必要か

どこまでも広がる大地。私たちが北海道に対して漠然といだくイメージといえるでしょう。

突然ですが、十勝型事故というのをご存じでしょうか。北海道・十勝のような見通しの良い平原の、交通量がまばらな交差点でなぜか起きる交通事故で、直角に進んできた2台の車が、まるで引き寄せられるように交差点に同時に進入し、衝突するというものです。別に十勝の道路に魔物が棲んでいるわけではなく、人の視覚特性に事故の原因があることがわかっています。

**質問**――去年の夏、レンタカーを借りて北海道を旅行しました。北海道はとても広々として、空気も澄んでいて気持ちよかったです。お目当ての日高にも行きましたが、馬たちがのんびりと広い放牧地で草を食べていました。意外と馬は放牧地

——では走ったりしないものなのですね。あんな広い必要があるのか疑問に思いました。

（24歳　女性　競馬歴2年）

## 馬にとっての放牧地の意味

競走馬として生産されたサラブレッドは、人が騎乗して調教を始める1歳の秋ごろまでは、もっぱら放牧を主体に育成されます。成長途上にある馬にとって、放牧地はいくつもの意味を持っています。

①新鮮な青草を豊富に食べさせることで、成長を促す。②放牧地を自由に走り回ることにより、筋腱や心肺機能を鍛え、強靭な競走馬に育てる。③群れで放牧することで、馬としての社会性を身につけさせ、精神力を養う。④太陽の紫外線がビタミンDの体内での合成を促進し骨を強化すると同時に、種々の病気を予防する。

強くて丈夫な競走馬を育てるためには、どれも大変大事なことだと考えられますが、競走馬がいわばスポーツ選手であるということを考えると、②の「放牧地を自由に走り回る」ということが、とりわけ大切であると思われます。サラブレッド育成馬にとって、放牧地は体を鍛えるための運動場なのです。

「アメリカの牧場では、走り始めた馬は疲れて止まる。一方、日本では、馬は牧柵で止まる」といわれることがあります。いくら広い北海道とはいえ、日本のサラブレッドの主産地日高地方は日高山脈を背にしており、それほど平地の面積は広くはありません。運動場なら広いに越したことはないのですが、あまり広いのも経済的には無駄といわざるをえません。そこで私たちは、JRA日高育成牧場と共同で「育成期の馬の放牧地はどの程度の広さが合理的か？」ということをテーマに研究をおこないました。

## 適切な放牧地の広さ

この研究では、さまざまな面積の放牧地に複数の育成馬を放牧して馬たちの行動を記録することで、放牧地の大小による馬の行動の違いを調べました。いわば馬の行動から、合理的な放牧地の面積を特定しようとしたのです。

まず私たちは、およそ1ヘクタール（100メートル×100メートル＝約3000坪）から4ヘクタールまでの面積の放牧地4区画を用意しました。この研究を実施した当時は、まだGPS（全地球測位システム）などという素晴らしい計測装置はありませんでした。そこで放牧地の要所要所に目印を設置し、馬がどこにいるかわかるようにしました。

これらの放牧地に1群6頭の育成馬を1日7時間放牧し、連日繰り返し行動を観察して記録をとり、解析をおこないました。その結果、いくつかのことがわかりました。

まず馬たちの移動距離ですが、彼らは放牧地の中を1日5キロメートルから7キロメートル動き回っていることがわかりました（総移動距離）。また駈歩（キャンター）による移動は1日合計約1キロメートルでした。総移動距離にも駈歩による合計移動距離にも、放牧地面積の大小による違いは、ほとんどありませんでした。

新鮮な青草が豊富で、自由に走り回れる放牧地は、成長途上にある馬にとって大きな意味を持つ

一方、放牧地の利用度を比べると、放牧地面積が2ヘクタールまではほぼ放牧地全域を利用していたのに対して、それ以上放牧地が広くなると利用しない部分が増えていきました。特に面積が4ヘクタールの放牧地では、観察期間中、馬たちは奥の3分の1の

スペースには足も踏み入れませんでした。

次に、馬が放牧地で駈歩を始めて止まるまでの完歩数を、ビデオ映像をもとに比較しました。その結果、1ヘクタールの放牧地での駈歩の完歩数は平均10完歩だったのが、2ヘクタールでは平均30完歩にまで伸びていました。ところが、さらに広い4ヘクタールの放牧地での駈歩の平均完歩数も約30完歩と、2ヘクタールの放牧地とほとんど変わりませんでした。すなわち1回の駈歩の距離は、放牧地面積が2ヘクタールまでは面積が広がれば伸びていきますが、2ヘクタールを超えると、もう伸びなくなったのです。まさに狭くて牧柵で止まらざるをえなかった馬が、面積が広くなった結果、走り飽きて自発的に止まるようになったものと考えられました。

以上、放牧地の利用度および駈歩の平均完歩数と、放牧地面積との関係から、私たちは放牧地が育成期のサラブレッドの運動場として機能し、かつ無駄のない面積として、2ヘクタールが基準となると結論づけました。

この数字は、その後いくつもの牧場で新しく放牧地を設定するときの参考として利用されてきています。

# 7 放牧地は正方形がベストである理由

放牧地は若い馬にとっては、体力づくりのための、いわば運動場ととらえることができます。前項では、放牧地内での駈歩を目安に、馬の運動場として機能し、かつ無駄のない面積として2ヘクタールが基準となるとした私たちの研究成果について書きました。今回は、放牧地のかたちの問題です。

**質問**

放牧地の面積について、それ以上面積を広くしても駈歩の平均完歩数が伸びなくなる2ヘクタールが、放牧地として無駄なく有効な面積であるとのこと、とてもよくわかりました。ただ、もし駈歩で長く走ってもらいたいと思うのなら、放牧地を細長いかたちにしたらどうなんでしょうか。同じ面積でも細長ければ直線距離は長くなりますよね。

（42歳　男性　競馬歴15年）

## 放牧地のかたち

放牧地の形状は面積と同様、馬にとっての運動場としての有効性と深く関係していると思われます。質問者が指摘するように、同じ面積でも長方形にすれば直線が長く取れるので、馬が運動するのに都合がよいという考え方もあります。実際、そうした考えのもとで、わざわざ放牧地を細長く区切って使っている牧場もあるようです。一方で、正方形に近いほうが馬は自由に運動ができて好ましいという考え方もあります。

そこで私たちは、放牧地の面積に関する研究にひきつづいて、JRA日高育成牧場と共同で放牧地のかたちについても実験をおこないました。

実験では面積が同じ（2・4ヘクタール）で、縦横の比が1：1、1：2、1：4になるような放牧地3面を使いました。それぞれの放牧地に、6頭ずつの育成馬を放牧して何日にもわたって終日行動の観察をして記録をとりました。

まず馬たちが放牧地を歩き回った距離を比較しました。その結果、馬たちは1日7時間放牧している間に、約5000メートル移動していましたが、この距離には放牧地のかたちによる違いはありませんでした。また駈歩での総移動距離も放牧地のかたちによる違いはありませんでした。さらに、1回ごとの駈歩での走行距離の平均にも違いは認められませんでした。すなわち、細長い放牧地にすれば直線距離が長く取れるので、1回の駈歩距離は伸びるだろうという予測は外れたわけです。実際には馬たちは、一辺の長さが延びても長い距離を走るようになるわけではなかったということです。

これだけなら、「放牧地の縦横の比率の違いが1：1〜1：4程度であれば、馬の運動場としての有効性には相違は認められない」という結論になりそうではあります。しかし、さらにデータを詳細に検討した結果、放牧地での事故防止という観点から、「放牧地は正方形に近いほうが好ましい」という結論が得られました。

## 安全な放牧地

放牧地で馬はときどきケガをすることがあります。仲間同士の遊びがエスカレートしてケガにいたる場合もありますが、駈歩のときの急な方向転換や急停止、牧柵への衝突などでケガをすることもあります。放牧地のかたちを考える場合は、そうした事故の可能性をなるべく減らす配慮も必要だと考えられます。

そうした観点から、観察記録したデータをさらに詳細に検討しました。

放牧地の中で駈歩を始めた馬はまっすぐ走っていって止まることもありますし、ぐるっと旋回して戻ってくることもあります。そこでそうした駈歩を、①直線的な駈歩、②半回転した駈歩、③旋回を含んだ駈歩にタイプ分けして、放牧地の形状に分けて発生回数を比較してみました。その結果、正方形の放牧地では直線的な駈歩が多く、放牧地が細長くなるほど旋回を含んだ駈歩の発生回数が増えていました。こうした各タイプの駈歩の発生回数の違いには、統計的に意味のある差が認められました。直線的な駈歩の多い正方形の放牧地のほうが、馬がケガをする可能性は低いものと予想できます。

また、走り始めた馬たちが、どこで止まっていたかも調べました。その結果、正方形の放牧地では、駈歩の停止地点は、放牧地のほぼ全域にわたっていたのですが、縦横の長さの比が１：４の放牧地では、牧柵のそばで止まることが多く、実に57パーセントの駈歩が牧柵の10メートル以内で停止していました。すなわち放牧地が細長いほど、牧柵のきわで駈歩をやめる馬が多かったのです。

こうした成績から、私たちは育成期の馬の放牧地は、主に安全性の観点から、正方形に近い形状のものが好ましいと結論づけました。

## 8 馬が最も快適に感じるベッド

競走馬は運動も大事ですが、休息はそれにも増して大事です。馬は立ったまま居眠りができるという芸当を有していますが、さすがに夜は馬房の中で横になって眠ります。もっとも人のように何時間も横になりっぱなしというわけではありません。彼らは横になってもほどなく立ち上がり、もぞもぞ歩きまわったりしたあと、また横になり少し眠って再び立ち上がるといった行動を繰り返します。馬が気持ちよく横になれるように、日本では馬房の床には多くの場合、敷料《しきりょう》としてワラが敷いてあります。

質問

先日、独身の女性ばかり集まって、同じく独身の資産家の女性のマンションでパーティーを開きました。おしゃべりが盛り上がって結局泊まることになりました。さすが資産家のお宅のお布団、上等な羽毛のフワフワ布団で、気持ちよくてすっかり熟睡しました。で質問ですが、お馬さんの寝床はどうなっている

のでしょうか？　（46歳　女性　競馬歴10年）

## 布団と安眠

競走馬が夜を過ごす馬房の床は、コンクリートの場合もありますが、普通は粘土質の土を固く叩き締めて作られており、その床の上には敷料が敷かれています。馬は床に敷いた弾力性のある敷料の上で横になって寝るだけで、どんなに賞金を稼いでいる馬でも、羽毛の掛け布団は使いません。

馬房は馬にとっては寝室であると同時に、食事の場所であり、トイレでもあります。もし床に敷料が敷かれていなければ、馬は気持ちよく横になって眠れないばかりか、寝たり起きたりするときに擦り傷ができたり、肘などに床ずれを作ったりします。また床には尿の水溜りもできかねません。

馬房の敷料として満たすべき条件としては、馬が食べても問題がないこと、蹄に悪影響がないこと、吸湿性にすぐれていること、廉価であること、大量供給が可能なこと、作業性がよいこと、廃棄したあとの環境汚染がないこと、リサイクルができることなどの点が挙げられます。これらの条件を満たす敷料として、現在、稲ワラ、麦ワラの他、おが粉、ウッドシェーブ（かんなくず）、ペーパー（古紙を裁断したもの）、種々の植物の葉や茎を干したものなどが使われています。

これらの敷料は、どれも人の目にはそれなりに快適そうに見えますが、馬がどう感じているかは、馬に聞いてみるしかありません。そこで私たちは、さまざまな種類の敷料を馬に自由に選ばせ、そこでの馬の行動を指標に、各種敷料の馬にとっての快適性を評価するという実験をおこないました。

## 馬はどの敷料を好むか

実験では、床がコンクリートでできている広さ約200平方メートルの大型の馬房（追い込み馬房）を用いました。この馬房を6区画にわけ、そのうちの5区画に稲ワラ、麦ワラ、おが粉、ウッドシェーブ、ペーパーをそれぞれ一種類ずつ敷きました。残りの1区画は、何も敷かない区画としました。そこに3頭の馬を放し、馬房全体の状況を午後6時から翌朝の6時まで4台のビデオカメラで撮影記録をしました。撮影は連続して2日おこない、2日後に敷料の配置をランダムに変え、馬も別の3頭に入れ替えてまた2日間記録をしました。こうしたことを4回繰り返して、計8日分のデータを収集し、解析をおこないました。

さて夜間の馬たちの行動ですが、12時間のうち平均約5・6時間は壁につるした乾草や床に敷いた稲ワラなどの敷料を食べていました。すなわち馬は夜でも半分の時間帯はなにかをもそもそ食べていたということになります。

横になった合計時間は約2・7時間でした。そしてそれよりやや長い、約3・2時間を立ったままでうとうととして過ごしていました。

一方、各区画上での滞在時間比は、ウッドシェーブ22・6パーセント、稲ワラ22・3パーセント、麦ワラ19・1パーセントであり、これら3種の敷料の間では有意な違いは認められませんでした。おが粉の区画には15・5パーセント、ペーパーでは12・5パーセント、敷料なしでは7・8パーセントの割合で滞在していました。さすがに敷料の敷いていないところでの滞在時間は最も短くなりました。

またどの区画で横になっていたかを調べると、麦ワラで約0・8時間、ウッドシェーブで約0・7時間、稲ワラとペーパーで約0・6時間でしたが、おが粉の区画と敷料なしの区画ではまったく横になりませんでした。

以上の成績から、稲ワラ、麦ワラ、ウッドシェーブを馬たちはほぼ同等に快適と感じているると推測されます。ペーパーの区画は、滞在時間は短いのですが、そこで横になっている時間だけを見ると稲ワラと同等でした。おそらくペーパーは風でユラユラするので、そこにじっと立ってはいたくはないけれど、いざ横になって寝てしまえば、それなりに快適ということなのかもしれません。また、稲ワラの区画では、稲ワラそのものを食べることが見受けられました。もし厩舎側が馬に稲ワラを食べて欲しくないと考えた場合は、対策が必要となるでしょう。

さて馬にとっての快適性に違いがなければ、次には経済性やリサイクルの効率を考える必要があります。これらの敷料は、使用後に馬糞とともに堆肥化するのが現在のところ最も有効なリサイクル方法といえます。稲ワラや麦ワラは、木材から作られているウッドシェーブに比べ、堆肥化が容易でかつ良質な堆肥ができるという点で、馬房敷料としては一日《いちじつ》の長があるといえるかもしれません。

# ⑨ ブレーキングは毎日やるべきか？

牧場で生まれ育った馬に、あるときいきなり鞍をつければ、簡単に乗れるというものではありません。馬が素直に馬具の装着を受け入れ、人の騎乗を嫌がらず、騎乗者の指示通りに動くようにさせるためには、ブレーキングと呼ばれる一連の教育が必要となります。今回は、そのブレーキングの話。

**質問**

サラブレッドは競走馬になるまでには、いろいろなことを教育する必要があるという話を聞きました。トレーニング・センターでの調教が不可欠なのはわかっていたのですが、デビューするまでに教育が必要とは、まるで受験生みたいですね。どんな教育をするのか教えてください。（28歳　男性　競馬歴３年）

## ブレーキング

競走馬は、体力だけの勝負みたいな印象がありますが、実はデビューするまでには、いくつも覚えなくてはならないことがあります。たとえば通常1歳の秋ごろにおこなわれるブレーキング。鞍をつけて人が乗れるようにするための教育で、騎乗馴致《きじょうじゅんち》とも呼ばれます。馬はこの教育を受けることで、初めてハミや鞍を嫌がらなくなり、人を背にしたときには指示通り行動するようになります。

またデビュー前にはゲート試験というテストもあります。ゲートに抵抗なく入り、中でじっと立ち、扉が開けばダッシュするという一連の動作ができるかを確認するための試験です。競走馬はこの試験に合格しない限り、競馬に出ることはできません。

さてブレーキングですが、欧米では、人が騎乗する前にまずハミ受けを覚えさせるという方法が一般におこなわれています。この方法は、人馬ともに安全なため、現在は日本の牧場でも広く普及しています。

具体的には、まず馬にハミを装着し、長い手綱をつけて丸馬場の中で回転運動（ランジング）をさせます。このとき徐々に停止と発進も教えます。数日後、今度は人が後ろにまわり手綱を操作することで、右旋回、左旋回、停止など手綱を介した合図を覚えさせます（ドライビング）。これらの作業と併行して馬に対して鞍は不快なものではないことを教えると同時に、人の体重に慣れること、人が背に乗っても平気なことを教えていきます。最終的には、人が安全に騎乗して馬場に出ることができるようになるのですが、そこまでの一連の作業には、普通1日30分ずつ費やしたとして、半月程度の時間がかかります。

## 効果的な学習法

馬にとっては学習といえるブレーキングですが、この作業を開始したら毎日休みなく続けるべきだと考えている人もいます。一方で、馬は記憶力がすぐれている動物なので2、3日中断しても学習の効率は変わらないと考えている人もいます。

その真偽はいかに、ということで私たちは実験をおこないました。

実験では、まず17日で終了するブレーキングのカリキュラムを作りました。そして12頭の1歳馬を2群に分け、1群は毎日休まずカリキュラムをこなす毎日群、もう1群は4日作業をやって3日休む断続群としました。断続群の最初の休み明けは、5日目のカリキュラムをこなすことになります。毎日群はもちろん17日間で作業は終了しますが、断続群は3日間の休みが4回挟まるので、29日間で作業が終了することになります。

私たちは、この間に両群の学習効率を比較するために何回かテストをおこないました。最初のテストは、ドライビングの馴致が進み人の指示通り右左に曲がれるようになったカリキュラム10日目に実施しました。テストでは円錐形の交通コーンを4メートルおきに5個並べ、ドライビングでじぐざぐに行って帰ってくるというものでした（ドライビングテスト）。テスト中の心拍数を測ると同時に、所要時間、立ち止まった回数を記録しました。またコーンから3メートル以上離れてしまった馬は失格としました。

さてその成績ですが、失格は毎日群1頭、断続群3頭でした。また失格しなかった馬同士を比較したところ、毎日群は断続群に比べ、所要時間は明らかに短く、また平均心拍数も低い傾向にありました。すなわち、毎日群のほうが速く上手に、かつ落ち着いて課題をこなしていたということです。

また17日のカリキュラムを終了した直後にもテストを実施しました。今度のテストは交通コーンを2メートルおきに9個並べ、馬には人が乗り、同じようにじぐざぐに歩いていって、帰ってくるというものでした（ランジングテスト）。

このテストでは失格した馬はいませんでしたが、今度も毎日群のほうが所要時間は明らかに短く、立ち止まった回数も少なく、また平均心拍数も低い傾向にありました。すなわち、このテストにおいても毎日群のほうが速く上手に、かつ落ち着いて課題をこなしていたということになります。

以上のことから、ブレーキングという課題に関しては、毎日休まず実施したほうが、馬にはよりすぐれた技術を持たせることができるようになるという結論になります。

ランジングテスト（上）とドライビングテスト（下）

## 10 落ち着いた馬をつくるために

普段はネコのようにおとなしく、手入れも治療も嫌がらない。競馬を前にしても動じない。ゲートを出れば騎手の指示に素直に従い、騎手の「さあ行こう！」の合図に一転、アドレナリン全開、闘争心をむき出しにしてがむしゃらにゴールまで走り抜ける。――馬を管理する厩舎側にとっては、理想的な競走馬といえるでしょう。しかし、なかなかそんな競走馬はいないというのが現実です。

質問

競馬を前にして落ち着きのある競走馬のほうが競馬では有利であることは理解できるのですが、そうした落ち着きのある競走馬は、つくろうと思ってつくれるものなのでしょうか？

（30歳　男性　競馬歴7年）

**落ち着きのある馬をつくる**

競馬場は、サラブレッドにとって大変刺激の多い場所といえます。パドックにもスタンドにも大勢の人がいます。歓声やファンファーレも聞こえてきます。

こうした刺激の多い場所で落ち着いていろ、というほうが無理なのかもしれませんが、実際には悠々として落ち着きはらっているように見える馬がいる一方、明らかにイライラ、チャカチャカしている馬もいます。刺激の多い場所で見られるこうした行動の違いには、さまざまな要因が関係しています。加齢も一つの要因ですし、頭に血が昇りやすい血統というのも存在します。

一方、競走馬の日常生活や環境を工夫することで、刺激を前にしてびくびくする馬を、少しでも落ち着いた馬に変身させることは不可能ではないと考えられます。実際、イギリスや米国の騎馬警官が騎乗する馬は、警備用の馬として路上デビューする前に車の音やサイレンなどにさらして、そうした騒音に動じない訓練をするそうです。また映画やテレビの時代劇に出演する馬は、前もって目の前でたいまつを振りかざすなどして、いざというときにひるまないようにすることもあるようです。しかし同じ馬ではあっても、競走馬にあえてそうしたことをするのは現実的ではありません。

そこで私たちは、競走馬でも充分応用可能な方法で、刺激を前にして少しでも落ち着いている馬に変身させることは可能かどうかということをテーマに実験をおこないました。

### 競走馬を刺激に馴らす

牡牝のサラブレッド計24頭を、刺激群と舎飼い群の2群にわけて実験に用いました。両群とも競走馬を模すため、午前中は馬場で調教をおこないました。午後、舎飼い群は厩舎に入れたままにしておき、刺激群にはもう一度鞍を載せ、未知の場所に連れて行き、新しい体験をさせるということを繰り返しました。新しい体験とは、具体的にはトレッドミル（床が自動で動く歩行用マシン）上での歩行、ウォーキングマシンでの運動、逍遥馬道（引き運動などで馬を歩かせる道）、真っ暗な地下馬道での散歩、発馬機の通過、プール調教などです。ほとんどはトレセンでできることです。刺激群の馬たちは、どれか一つの体験を1週間繰り返し、翌週はまた別の体験に移ります。

馬をトレッドミルに載せると、最初はとても緊張します。何しろ床が急に動き出すのですから。馬は初めてでも上手にトレッドミル上を歩くのですが、平均心拍数は毎分95回程度まで上昇します。この心拍数は、普段の軽いキャンター時のレベルといえます。

トレッドミル2日目はその緊張はやや低下し、心拍数も毎分80回程度まで減少します。さらに5日目には馬はトレッドミルに充分馴れ、心拍数も常歩時の心拍数とほぼ同じ毎分50回近くにまで下がります。こうして馬は、トレッドミルという未知の刺激に対する、いわば緊張と緩和の1週間を送ったことになります。そして翌週、新たな体験をさせ、再び刺激に対する緊張と緩和の生活を送らせます。

刺激群がこうした生活を3か月送ったのち、そうした経験がなかった舎飼い群に比べて彼らが新たな刺激に対して少しでも落ち着いていられる馬になったかどうか、テストを実施しました。

テストは2種類、すなわち黒と黄色の縞模様で長さ10メートルの絨緞《じゅうたん》の上を人が引いて5往復するというものと、同じく銀箔を張った長さ10メートルの絨緞の上を今度は人が騎乗して5往復するというものとしました。どちらの絨緞もすべての馬が初めて目にするものでした。

その結果、特に牡馬については刺激群のほうが明らかに未知の刺激に対して落ち着いていられるようになったことがわかりました。刺激群の牡馬は縞模様の絨緞を歩いたときの平均心拍数が毎分約46回だったのに対して舎飼い群は約51回、銀箔を張った絨緞の上では刺激群は約50回、舎飼い群は約75回で、どちらのテストも明らかに刺激群のほうが落ち着いていました。また、この差は統計学的に意味のある（有意な）差であることがわかりました。一方、牝馬では、牡馬と同様刺激群のほうが舎飼い群に比べて落ち着いている傾向は認められましたが、個体差が大きく統計学的には有意とはいえませんでした。

いずれにしろ、これらの成績から競走馬においても、日々のちょっとした工夫と手間をかけることによって、より落ち着いた馬になりうることが証明できたと、私たちは考えています。

# 11 さまざまな調教方法

サラブレッドは強い馬同士を掛け合わせるという方法で改良されてきた結果、遺伝的にきわめてすぐれた走能力を持つようになりました。しかし与えられた能力を競馬で発揮させるためには、馬体の鍛錬が不可欠です。調教師は、少しでも持ち馬を強くしようと、試行錯誤を繰り返し調教法を発展させてきました。その試行錯誤は現在でも続いているといえます。

**質問**　サラブレッドは競馬の前の追い切りばかりでなく、普段いろいろなトレーニングが課せられていると思います。少しでも強い馬に育てるためにどんな工夫がなされているのでしょうか。

（41歳　男性　競馬歴10年）

## パワーを鍛える

サラブレッドは、競馬では有酸素パワーと無酸素パワーの両方を使って馬場を走り切ります。ちなみに有酸素パワーとは、脂肪や糖質を酸素を使って分解して得られるエネルギーによる筋力で、この能力が高まると持久力が増します。また無酸素パワーとは主にグリコーゲンを、酸素を使わずに分解して得られるエネルギーによる筋力で、その能力向上は瞬発力につながります。

さて、2歳新馬でのデビューを目指しているサラブレッドの本格的なトレーニングは、一般的にブレーキングの終わった1歳秋から明け2歳にかけて開始されます。調教メニューやスケジュールは国によっても違いますし、育成を担う調教師によっても異なります。ただし共通しているのは、調教初期には持久力を鍛え、体力がついてきたところでスピードを上げて調教することで仕上げていくという点です。

通常、調教初期では人が騎乗してハロン20秒（時速36キロメートル）程度の緩やかなスピードで長距離を駈歩運動します。最初にこうした運動を続けることで有酸素パワーは徐々に向上してゆき、同時に四肢の骨、腱、靭帯も強化されます。また騎手の指示に素直に的確に従うことを教えていきます。この時期、まっすぐ走ることもおぼつかない馬も見受けられますが、上手な教育が騎乗者には求められます。

馬に持久力がつき、走行スピードを少しずつ上げていくとレース時の速度に近づいていきます。レース時の速度の80パーセントの速度（ハロン15秒程度）で走れるようになると無酸素パワーが鍛錬されるようになります。ただしこうした負荷の強い運動は毎日続けることはできません。無理して続けると跛行《はこう》、体重減少、食欲不振、競争心の喪失などにつながります。

## さまざまな調教施設

サラブレッドが競馬でデビューを果たしたあとでも、もちろん馬体の鍛錬は続きます。調教は平坦な屋外の馬場でおこなうばかりではありません。よく知られているのは坂路での調教でしょう。坂路馬場は東西トレーニング・センターはもとより、日本各地の調教施設に作られています。坂路は遅いスピードでも筋肉には大きな負荷がかかるため、調教効果が上がります。また前肢への負担を減らすことで故障の予防につながります。さらに馬場をウッドチップなどクッション性の高い素材で造成することで、さらに負担の軽減につながると考えられています。

一方、四肢に軽い異常を発見したときには休養をとらせることが回復につながりますが、休養は同時に筋力の低下を招きます。四肢に衝撃を与えず、かつそれまで調教で鍛え上げてきた筋力や心肺機能を極力低下させない調教法として、プール調教が挙げられます。

馬の比重は０・９５と水より軽いため、プールに入っても沈むことはありません。また多くの馬は脚が水底に届かなくなれば自然と泳ぎ出します。

水中では水の抵抗を受けるため、前進するには強い推進力が必要となります。馬の場合、主に後肢が水を蹴ることでその推進力が生み出されます。この動きは同時に後軀の筋力強化につながります。ただし水中と陸上では四肢の動きが異なるため、陸上で走行するために必要な筋肉がすべて鍛えられるわけではありません。

ウォーター・トレッドミル

そこで考案されたのがウォーター・トレッドミルと呼ばれる装置です。いわば動く歩道（トレッドミル）を水に沈めたような装置で、馬は胸元まで水につかり、床の動きに逆行して進みます。水の浮力で体重が軽くなり脚部への負担は軽減されますが、四肢を床につけ陸上とほぼ同じ動作をするため、鍛えられる筋肉は陸上での運動とほぼ同様になると推測されます。

調教と故障はある面、紙一重ともいえます。個々の馬の状態をよく観察し、経験をもとにさまざまな施設も利用しながら的確に調教計画を組むことが調教師の腕の見せどころとなります。

## コラム３
## ディープインパクトの根性

ディープインパクトは体の柔らかさ、低くて無駄のないフォーム、持久力と瞬発力など、もっぱら肉体的な優秀性が注目されることが多かったのですが、この馬は精神力にも、目を見張るものがありました。

ディープインパクトの精神力の強さは、騎手が出したゴーサインに対する反応性の良さに端的に現れていました。騎手の「行こう」という合図に、迷うことなく反応し、持ち前の瞬発力を発揮して他馬をみるみる引き離し、ゴールまで駆け抜ける。こうしたがむしゃらともいえる精神力は、サンデーサイレンス産駒の多くに共通して認められる気性とすることができます。

しかしこの気性はときとして、諸刃《もろは》の剣ともなりえます。下手をすると、人のいうことを聞かない、文字通りの荒くれ馬になってしまうからです。そうなると、いくら天性の素質を持っていても、調教すらままならず、競走馬としての大成は望めません。

普段、馬房ではおとなしいが、競馬では闘争心をあらわにして他馬の追随を許さない。厩舎サイドにとっては理想の競走馬といえますが、ディープインパクトはまさにそういう競走馬だったのです。

人に対する従順さ、命令を素直に受け入れる気質は、幼駒や育成馬の時代での人の接し方で決定される部分が大きいといえます。いわば環境によって左右されるのです。この面でディープインパクトは幸せな馬だったということができます。それは生産、育成された牧場が、それまでサンデー産駒を何世代も育ててきた経験を持つノーザンファーム（北海道）だったからです。この牧場のスタッフは、サンデー産駒に対しては、基礎体力の養成ではなく、人の指示に対する従順性、無理のかからないフォームなど、むしろしつけに育成の重点を置いていました。能力があることはわかっており、それを人の手でつぶしてしまわないように、細心の注意を払っていたのです。

# 第4章

# サラブレッドの歴史と記録

## 人類の作った〝芸術品〟は進化し続ける

## 1 18世紀から続く血統書と成績書

サラブレッドは人類が作り出した最高の芸術品である、といわれることがあります。そんなおおげさなものではないにしても、サラブレッドという品種は、人類によって最初に体系的に改良が開始され、その改良が現在まで続けられてきた品種であることは間違いありません。ここで「体系的」というのは、①繁殖（血統）の記録と、②品種として求められる能力の記録（サラブレッドの場合は競馬の成績）が過去にさかのぼれるようにきちんと残されているということを意味しています。これらの記録さえあれば馬のオーナーは自分の持ち馬の先祖のことを知ることができますし、正確な情報をもとに配合計画も立てることができます。サラブレッドの品種改良の歴史は、その後のさまざまな家畜の改良のお手本ともなっています。

**質問** サラブレッドはすべての先祖の記録が残っていると聞きました。血統書のことはときどき競馬の本で目にします。たしか最初の1冊にはサラブレッドの三大始祖馬の名前が書いてあるということだったと思います。もう一つ競馬成績書というのもあるそうですが、血統書とは別のものなんですね。そのあたりのことを教えてください。

（32歳　男性　競馬歴10年）

---

**『レーシング・カレンダー』**

サラブレッドが現在まで連綿と改良が続けられ、能力が向上している背景には、血統の記録と競馬成績の記録の双方が整備されているという点が挙げられます。それぞれの記録は、切り離すことはできないように思えますが、一方は基本的には父と母が何という名前の馬だったかという記録であり、もう一方は競馬の成績であるという点でまったく別のものとすることもできます。これらの記録を整理し単純化して、今日まで続くサラブレッドに関する2種類の記録集として刊行を開始したのはジェームズ・ウェザビーという人物です。

ウェザビーは、まず1773年に、もっぱら競馬の成績を記載した『レーシング・カレンダー』という書名の記録集の刊行を開始しました。イギリス各地での競馬の成績をレースごとにまとめた便利なものといえます。もっともそれ以前にも、競馬の記録集は何人かの人の手によって発刊されていました。

『レーシング・カレンダー』は現在でも毎年、イギリスにおける競馬の公式な記録集として、ウェザビー家が経営するウェザビー社から刊行されています。またサラブレッドによる競馬を実施している国では、『レーシング・カレンダー』に範をとった記録集が何らかの形で発刊されています。ちなみにJRAの競馬の年間の全成績については、『競馬成績公報』という書名で毎年発刊されています。

**『ジェネラル・スタッド・ブック』**

一方、サラブレッドの血統の記録集である『ジェネラル・スタッド・ブック　第1巻』は、1793年に同じくジェームズ・ウェザビーによって刊行されました。彼はあちこちの牧場にそれまで集積されてきた繁殖台帳を整理するとともに、先人の未刊の血統記録集を上手にパクり、この書物の刊行にこぎつけました（ちなみに同書序巻は1791年刊行）。

『ジェネラル・スタッド・ブック』に関しても、同様の記録集はほかにもさまざまな形式の書物が刊行されていました。そうした多くの類書の中で『ジェネラル・スタッド・ブック』だけが唯一生き残り、しかも以後２００年以上も刊行が続けられてきているのは、もっぱらそこで取り上げられている情報が単純でかつ統一がとれていたためと考えられます。

『ジェネラル・スタッド・ブック　第1巻』には、競走馬の繁殖に用いられた牝馬がアルファベット順に並べられ、各牝馬の産駒（性、毛色、父名）と馬主が年代別に列記されています。きわめて素っ気ない記載ともいえますが、サラブレッドの血統をたどるにはこれで充分といえます。この記載形式は２０１３年発行の『ジェネラル・スタッド・ブック　第47巻』まで連綿と受け継がれてきていますし、世界各国で発行されている血統書でもそっくり踏襲されています。『ジェネラル・スタッド・ブック』の歴史は、単純であることが息長い生命力の源となった例といえるでしょう。

現在では、サラブレッドの血統に関して、世界中のサラブレッド生産国で『ジェネラル・スタッド・ブック』に準じた形式の書物が刊行されています。ちなみに日本では(公社)ジャパン・スタッドブック・インターナショナルが『サラブレッド血統書』という書名で正式な記録集を発行しています。

ところで、イギリスにおける『ジェネラル・スタッド・ブック』の刊行は、『レーシング・カレンダー』同様、ウェザビー家の人々の手によって受け継がれてきました。現在に至るまで、その刊行の責任者は第1巻の発行者であるジェームズ・ウェザビーの子孫、しかも男子の直系に限られています。なんともサラブレッド血統書の発行責任者にふさわしい伝統といえるでしょう。

# 2 サラブレッドの能力はどれだけ向上したか

サラブレッドの発祥の地イギリスにおける競馬は、きわめて古い歴史を持っており、その起源は少なくともローマ時代にまでさかのぼることができます。しかし、本格的に競走馬の改良が始まったのは、イギリスの王政復古がなった1660年以降とされています。

王政復古とともに王位についたチャールズ2世（1630〜1685年）は、競馬が大好きで、施設を整備し競馬の規模拡大をはかりました。また同時に、競走馬の改良に心を注ぎ、多くの中東産のアラブ馬などを輸入しました。いわば競馬の父とも呼ぶべき存在といえます。

チャールズ2世は競馬好きだったばかりでなく、女性も大好きだったようです。正妻のほかにも多くの愛人を持ち、認知した子どもだけでも14人を数えるほどでした。彼はそのことを反省したのか、あるいは王位継承の混乱を避けるためなのか、自分の宮廷医に避妊具の開発を命じました。くだんの宮廷医は、苦労の末、１６７１年にウシの腸を利用した、現代にも通じる避妊具を完成させました。この避妊具の呼び名は、開発者である宮廷医コンドーム博士（Dr. Condom）に由来しているそうです。

質問

この前、新聞に陸上競技男子１００メートル走のスピードの限界は９秒48と学者の先生が計算して発表したという記事を読みました。現在の世界記録は２００９年にジャマイカのウサイン・ボルトが出した９秒58ですから、まだ０秒１短縮する可能性があるそうです。サラブレッドではどうなんでしょうか。

（39歳　女性　競馬歴13年）

サラブレッドのスピードの向上

競馬のレースでのレコードタイムは馬場の改修などで条件が変化するので、単純に比較するのはやや問題がありますが、実際の日本の競馬のレコードタイムを見てみると、いまだにときおり記録は更新されています。たとえば有馬記念は２００４年にゼンノロブロイが記録を更新していますし、日本ダービーは２０１５年にドゥラメンテによって更新されました。また、日本ダービーの優勝タイムを年度順にならべてみると、でこぼこはあるものの全体としてまだわずかずつですが短縮しているように見えます。ただし、最終的にどの程度まで記録が伸びるのか、科学的に予測した研究はありません。

一方、本場英国ダービーの優勝タイムは１９３０年以降ほとんど短縮されていません。ダービーには各年代のいわゆるトップホースが出走してきます。英国ダービーの記録を見る限り、サラブレッドの記録の向上は頭打ちになっているようにも見えます。

この点について、かつてアイルランドの研究者が、サラブレッドの過去の記録を用いて集団遺伝学的手法で調べ、英国の科学雑誌『ネイチャー』に発表しています。彼らはサラブレッドの能力の指標を、優勝タイムではなくフリーハンデキャップ（負担重量で表示した実力ランキング）に求め、１万頭以上のデータを用いて競走能力の上昇傾向の有無を調査しました。その結果、サラブレッドの競走能力は、集団全体として毎年ほぼ１パーセントずつ向上していることを見出しました。

トップホースの能力は頭打ちですが、集団全体として能力向上が認められる、ということは、一頭一頭の能力差が縮んできていることを意味しています。今後は、現在より競馬の成績に対する血統の影響が少しずつ薄れ、育てる環境や調教法が重要となっていくものと推測されます。

## サラブレッドの遺伝子プール

ダーレイ・アラビアン、ゴドルフィン・アラビアン、バイアリー・タークの3頭の馬はサラブレッドの根幹種牡馬（三大始祖）と呼ばれています。この馬たちはチャールズ2世が王位について以降イギリスに持ち込まれ、競走馬の改良に用いられました。この3頭が根幹種牡馬と呼ばれる理由は、現在生存しているすべてのサラブレッドは、父親、祖父、曽祖父と男系（直系）をさかのぼっていくと、3頭のいずれかに行き着くからです。

ただし直系子孫の数は、根幹種牡馬と呼ばれる3頭の馬の間でも大きく異なっています。現在最も優勢なのはダーレイ・アラビアンで、世界のサラブレッドのおよそ95パーセントはこの馬の直系子孫に当たります。すなわち現在活躍しているほとんどのサラブレッドは、父親をずっとたどっていくとダーレイ・アラビアンに行き当たるのです。ちなみにディープインパクトもこの偉大な種牡馬の25代目の直系子孫です。

もっとも18世紀末に発刊された『ジェネラル・スタッド・ブック 第1巻』には、1

00頭以上の種牡馬が記載されています。そこに記載されている根幹種牡馬以外の種牡馬たちは、直系子孫こそ残しませんでしたが、現代のサラブレッドに遺伝的影響は及ぼしています。たとえば、曽祖母の曽祖母のそのまた曽祖母の曽祖父といったあたりに名前が出てきたりするのです。名前が出てくるということは、その種牡馬の遺伝子をいくばくかは受け継いでいるということを意味します。

こうした見方で、現代のサラブレッドに対するそれぞれの種牡馬の遺伝的な貢献度をアイルランドの研究者が計算した結果、意外なことが明らかになりました。最も貢献度が高いのはゴドルフィン・アラビアンで14・55パーセント、次いでダーレイ・アラビアンで7・5パーセント、3位は現在ではほとんど知られていない種牡馬 Curwen's Bay Barb の5・6パーセント、そして4位がバイアリー・タークの4・8パーセントとなったそうです。

さて、競馬好きのチャールズ2世がいなかったら根幹種牡馬は輸入されなかったかもしれませんし、サラブレッドによる競馬がこれほど世界規模のスポーツになることもなかったかもしれません。一方、コンドーム博士がチャールズ2世のために開発した避妊具は、現在ではエイズの予防にまで役立っています。

## 3 種牡馬を公平に評価する方法

ゴルフにしろテニスにしろ、国際的なスポーツ競技には、個々の選手の実力を一定の方法で評価して順位をつける「世界ランキング」が存在します。世界各国の競馬場で優劣を競い合っている現役の競走馬についても、ワールドサラブレッドランキングという名称で、ランキングがほぼリアルタイムで公表されています。

競馬では血統が大きくものをいいますが、世界中で繋養されている種牡馬についても世界ランキングを知りたいところです。しかし現在のところ、世界の種牡馬を特定の尺度で格付けした、権威あるランキングは存在していません。

**質問**

僕は先輩に誘われて競馬場に通うようになりましたが、結構奥が深くてのめり込んでしまいそうです。毎週リーディングサイアーのリストを載せている競馬雑誌がありますが、僕は眺めているだけでも楽しいです。ただ入着賞金の合計だけで比較していいものなのでしょうか。

（21歳　男性　競馬歴　半年）

## 種牡馬の評価

競馬は血統のスポーツともいわれています。サラブレッドの競走能力は、明らかに両親が持っていた競走能力の影響を受けているからです。血統の情報は勝ち馬予想のうえでの大きな手がかりになりますし、サラブレッドのブリーダーは、自分が所有している繁殖牝馬にどの種牡馬を交配しようかいろいろと思い悩むものです。

種牡馬を評価する場合、尺度はその産駒の競走成績を用いるのが合理的と考えられます。現役時代の名声と、その産駒の活躍は微妙に異なるからです。

種牡馬評価の際、最も単純なのは、各産駒が一定の期間で延べ何回競馬で勝利したかを比較する方法といえます。ただしこの方法の最大の問題点は、その数字に競馬のレベルが反映されていないという点にあります。いくら下級条件の競馬で優勝しても、競走馬としての真の実力を示してはいないというわけです。

そこで勝利回数に競馬のレベルを加味した評価法として、産駒が競馬で獲得した賞金の総額で比較する方法が用いられます。賞金の高いレースであれば実力のある馬が多く集まり、そうしたレースで優勝し、高い賞金を獲得できたということは、強い馬の証明になるというわけです。この方法は同じ賞金システム、たとえばＪＲＡの競馬で走っている競走馬だけを対象にする限り、一定の有効性があるものといえます。リーディングサイアーのリストは、まさにこの産駒の獲得賞金を尺度にして順位付けしたものなのです。

## アーニング・インデックス

さて、産駒の数は種牡馬によって、それぞれ異なります。産駒の多い種牡馬では、当然産駒が競馬に勝つチャンスが高まりますし、獲得する賞金の総額も多くなる可能性があります。そうした産駒数による評価のゆがみを是正する尺度として考え出されたのが、リーディングサイアーのリストによく書かれているアーニング・インデックス（平均収得賞金指数）という評価法です。

アーニング・インデックスとは競走馬全体の1頭当たりの平均収得賞金を1として、それぞれの種牡馬の産駒1頭当たりの平均収得賞金を指数化したものです。たとえばある種牡馬のアーニング・インデックスが2・5であれば、その種牡馬の産駒が、平均的な競走馬の2・5倍の賞金を獲得したことを表しています。

アーニング・インデックスは産駒の数が少なくても粒ぞろいであれば数値は高くなります。この点において種牡馬としての能力の実体を、より正確に示すものであるとされています。またこの指数は、1年間を単位として算出することもできますし、種牡馬としての生涯成績を求めて相対的に比較することもできるので大変便利なものといえます。

ただし極端に産駒の出走頭数が少ない種牡馬の場合、産駒が1頭でも大きなレースに勝つとアーニング・インデックスが高くなるので、注意が必要です。そうした例として、米国で繋養されていた種牡馬プレザントタップが挙げられます。２００4年度、この馬の輸入産駒タップダンスシチーが宝塚記念を勝つなど大活躍をしましたが、同年にJRAの競走に出走した産駒がタップダンスシチーを含めて2頭しかいなかったため、プレザントタップのアーニング・インデックスは35・53という極端に高い値となってしまいました。

獲得賞金はもちろん、アーニング・インデックスも賞金を評価の尺度の基本としています。そのため、日本の種牡馬と外国の種牡馬を同列に比較しようとすると、問題は複雑になります。世界的に見れば、競馬のグレードと賞金は必ずしも一致しないからです。

世界のサラブレッドの種牡馬としての評価は、最終的には歴史にゆだねるしかないのかもしれません。

# ④ 何千年もの歴史を持つハミと蹄鉄の技術

ハミと手綱、それらを頭部に固定する頭絡、鞍とアブミ（鐙：騎手が足をひっかける馬具）、ゼッケン、そして蹄鉄。競走馬は、必要最低限の馬具を身につけて競馬に出走します。ゼッケンを除けば、どの道具も相当古い歴史を持っています。

**質問**

馬が口の中にくわえているハミは、騎手の命令を馬に伝えるための道具でしたよね。よくできているなと思います。それから、蹄鉄。よくも足の裏に釘を打つなんてことを考えたものだと思います。しかもあんなに速く走っても外れません。それぞれ、どんな歴史を持っているのでしょうか。

（41歳　男性　競馬歴18年）

## ハミの歴史

質問者がおっしゃるように、ハミは馬の口に含ませる馬具で、馬に乗ってその動きをコントロールするのに不可欠なものです。ハミの両側についたリング（ハミ環）が、騎手の握っている手綱の先端と結ばれています。騎手による方向変換、加速、停止の命令は、ハミを介して馬の口元に伝えられます。

ハミは馬が身につけている馬具の中では、最も古い歴史を持っています。紀元前645年ごろに製作されたと考えられているメソポタミア（現在のイラク周辺）の王様を描写した有名な浮き彫りにもハミが彫られています。この浮き彫りの馬にはハミが装着され、手綱もついています。しかし騎乗している王様は足をぶらぶらさせ、アブミを踏んではいません。また馬の四肢には蹄鉄も装着されてはいません。鞍のかわりに毛布がかけられていますが、固定する帯はありません。すなわち当時の、少なくともメソポタミアでは、ハミと手綱をつけただけの、ほとんど裸馬ともいえる馬に人々は乗っていたものと考えられます。

世界で最も古いハミは、黒海に注ぐドニエプル川沿いの、紀元前4000年ごろの後期新石器時代の遺跡から発見されたものとされています。ここでは、ハミの断片と推測される加工したシカの角が発見されています。この遺跡から同時に発見された馬の頭骨の前臼歯には、ハミの使用によると思われる異常な摩滅が認められてもいます。ハミは、その後それぞれの時代でいろいろと改良が加えられ、現在にいたっています。しかし基本構造はまったく変わっていません。

### 蹄鉄の歴史

一方の蹄鉄。この道具はハミほど古い歴史は持っていません。人の足の爪は厚さ1ミリにも足りませんが、馬の蹄は約1センチほどの厚みがあります。もちろん人の爪と同様、痛覚はありません。装蹄師は蹄鉄をこの蹄に上手に釘付けします。馬はまったく痛みは感じません。しかし、落ち着いて考えると、最初にこの技術を考えついた人はすごいといわざるをえません。

時代がある程度特定されている最も古い蹄鉄は、ヨーロッパの先住民族であるケルト人の、今から2600年ぐらい前の遺跡から馬の骨とともに発見されました。しかしこの技術が、他の民族に伝わったのは、ずっとあとのことになります。

ケルト人が蹄鉄をすでに使っていたころ、古代ローマでも馬は多く用いられており、蹄を守る必要性はありました。しかし釘を使って蹄に蹄鉄を打ちつけるという発想も、技術の伝播もなかったため、蹄を焼いて強度を高めたり、ヒポサンダールという金属製の馬用の靴を皮ひもで結んで使ったりしていました。

一方、日本で馬の利用が始まったのは4世紀後半から5世紀にかけてと考えられています。日本でも鉄を蹄に釘で打ちつけるという技術は独自には生まれませんでした。もちろん日本でも蹄を守る必要はありました。ローマ帝国と同様、蹄を焼いたり、ワラで作った草鞋《わらじ》なども用いたりしました。馬の草鞋は馬沓《うまぐつ》とも呼ばれましたが、ワラはすぐ磨り減ってしまうため、耐久性を増すために茗荷《みょうが》と麻を編み込んだり（千里沓）、人毛を編みこんだり（万里沓）とさまざまな工夫がなされました。

明治維新を迎え、軍馬など馬の需要が増えるとともに、ヨーロッパから装蹄技術が本格的に紹介され、日本でも装蹄技術が一挙に定着し、今日にいたっています。

2600年以上前に始まった装蹄の技術は、蹄鉄の形や使用する金属などにさまざまな工夫がこらされ、変化をしてきました。しかし蹄に釘で打ちつけるという、この技術の基本的な部分は、近年強力な接着剤で蹄鉄を留めるという方法が発明されるまで、まったく変わっていません。長い歴史の荒波の中で生き残った技術は、それだけ洗練された、馬の蹄にやさしい技術といえるでしょう。

今週も、６０００年の歴史を持つハミと２６００年の歴史を持つ蹄鉄をつけたサラブレッドが競馬場を走っていきます。

## ⑤ モンキー乗りを日本に導入した保田騎手

サラブレッドの改良300年の歴史の中で、その走能力は明らかに向上してきています。ただし走破タイムの短縮という点からみると、騎手の技術の向上も無視はできません。騎手の騎乗姿勢は、サラブレッドによる競馬の開始当時に比べると大きく変わっています。その最も大きな変革は、今から130年ほど前の米国で開始されました。

**質問**

戦前の競馬の写真をたまたま見たら、どの騎手も今とは馬の乗り方が大分違っているように見えました。鐙を長くしてちゃんとまたがっているように見えます。私は、競馬の騎手はずっと昔からモンキー乗りをしていたのかと思っていましたが、意外と新しいスタイルだったのですね。（54歳　男性　競馬歴33年）

モンキー乗りと天神乗り

アブミ（鐙）を極端に短くして馬に乗る、いわゆるモンキー乗りは、２００９年に89歳で亡くなった保田隆芳《やすだたかよし》さんが日本に初めて持ち込みました。

保田さんは、騎手としては第二次世界大戦以前からのキャリアをお持ちでした。ただし彼の代表的騎乗馬はなんといっても戦後の名馬ハクチカラといえます。ハクチカラは１９５６年のダービー馬で、目黒記念、天皇賞、有馬記念など国内では32戦20勝と活躍しました。その後、日本の現役競走馬として初めて渡米。帯同したのは主戦ジョッキーだった保田さんでした。米国ではハクチカラは保田騎手を背に5戦しましたが、残念ながら勝ち星をあげることはできませんでした（その後、米国人騎手で重賞競走を1勝した）。ハクチカラを米国に残し、失意のうちに単身帰国した保田騎手でしたが、２か月の米国滞在は、実は彼にとって大きな転機となりました。それがかの地におけるモンキー乗りの習得です。

競馬での理想的な騎乗としては、①馬と騎手の重心の一致、②最小限の風圧、③馬の動きを妨げない等のことが求められます。それまで日本の競馬は、アブミを長くして尻を鞍につけ、背を垂直にして騎乗する「天神乗り」が主流でした。「天神乗り」は、どうしても馬の動きを妨げますし、騎手は風圧をもろに受けてしまいます。

本場のモンキー乗りを習得して帰国した保田騎手は、これを武器にそれまで以上の活躍を示し、自身初のリーディングジョッキーの座を射止めました。この好成績をきっかけとして、モンキー乗りは一挙に日本の競馬界に普及し、保田騎手はモンキー乗りの導入者として、日本の競馬史に名を刻むことになりました。

もっともそれまで日本で騎乗している騎手でモンキー乗りをしていた人はいました。比較的有名なのは、進駐軍として来日し、1955年除隊したあと1年間中央競馬で騎手をしたロバート・アイアノッティという人物です。彼は初騎乗、初勝利という記録こそ残しているものの、その後は特に抜きん出た成績はあげられず、残念ながらモンキー乗りの日本における普及者という栄誉を得ることはできませんでした。競馬の世界では成績こそ最も説得力があるということを端的に示しているものと考えられます。

## トッド・スローン

モンキー乗りが日本で普及したのは、前述のように戦後ですが、この騎乗法そのものは19世紀末に米国で考案されました。

1884年のある日、サンフランシスコの競馬場で調教をしていたトッド・スローン騎手の馬が急に逸走しました。彼は馬を止めようとして手綱を引っ張っているうちに馬のクビの上に乗ってしまいました。「サルが木の枝にまたがっているようだ」と周りは大笑いをしました。しかし彼は気がつきました。この体重の移動が、馬を楽に自由にしていることを。トッド・スローン騎手は、それからアブミを短くしたり手綱を短く持ったりして、より馬を楽に走らせる工夫を重ねた末、現在の騎乗姿勢の原型を完成させました。

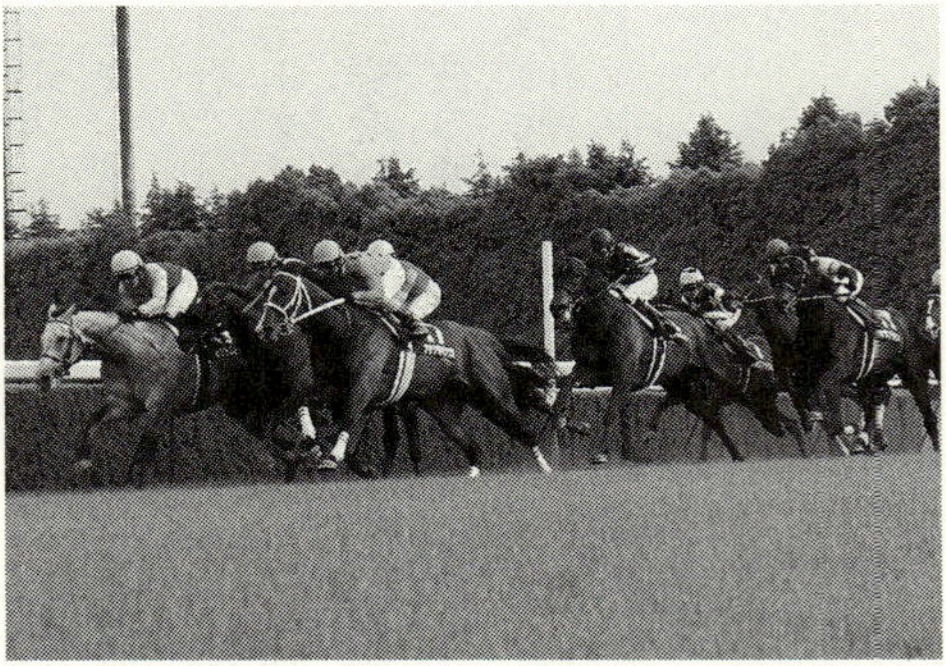

今日では一般的な〝モンキー乗り〟。トッド・スローン騎手が世界に広め、保田隆芳騎手が日本に普及させた

以上がモンキー乗り出現の顚末とされているお話です。

この物語の真偽はともかくとして、モンキー乗りを世界の競馬に広めたのはトッド・スローンだったことはたしかです。

トッド・スローンは、モンキー乗りをたずさえて、まず全米の競馬場で活躍し、次いで競馬の本家英国で驚異的な成績をあげました。１８

98年、英国における彼の勝率は、実に4割6分にのぼりました。その活躍を機に、モンキー乗りは多くの追随者を生み、またたくまに世界中に広まっていきました。
トッド・スローンは、小さな身体に見合わず態度が大きく、酒も女も好きで、ジョッキークラブの紳士諸兄からは好かれてはいなかったようです。1901年、彼は自分の馬券を買ったことを理由に英国の競馬界から追放されます。
彼の晩年は不遇で、1933年12月、59歳のときに肝硬変で死亡しました。きっとお酒の飲みすぎが原因だったのでしょう。ちなみにアーネスト・ヘミングウェーは、このトッド・スローンをモデルにして「ぼくの父（My old man）」という佳品を書いていま
す。

# ⑥ 脚質はどうやって決まる？

競走馬として生産されたサラブレッドは、生後6か月前後でお母さんから離されたあと、多くの場合1歳の秋に騎乗馴致が始まるまでは、もっぱら放牧地で仲間たちと過ごします。育成期と呼ばれるこの時期、放牧地での馬たちの行動をよく観察していると、それぞれに個性があることがわかります。いつも1頭でぽつんとしている馬もいれば、そばに近寄って来る馬をだれ彼かまわず耳を伏せて威嚇する馬もいます。それこそ個性は千差万別といえます。

**質問**

競走馬の脚質について質問します。よく解説の人が「ハナを切る（スタート直後に先頭を走る）のはあの馬でしょう」とかいったレースの展開を予想しますよね。あの予想はよく当たります。当方としては、レースの結果も同じくらい当ててほしいとは思うのですが……。さて、逃げとか追い込みとかいった競走

## 馬の脚質は、どのような要因によって決まるのでしょうか？

（26歳　男性　競馬歴4年）

### 競走馬の脚質

競走馬の脚質（「逃げ」「先行」など、走り方のスタイル）はさまざまな要因で決まるようです。末脚が切れる（ゴール前で鋭く伸びる）とか、スタミナがあるといった体力的な要素ももちろんあります。またスタートが上手か下手かといったことも関係してきます。さらに、その馬のメンタル面も脚質に影響します。たとえば馬込みに入ると、とたんに萎縮してしまう馬もいます。また先頭に出ると後続の馬群を怖がってどんどん走ってしまい、途中で体力を使い果たしてしまう馬もいます。こうしたことすべてを見極めて、厩舎側はその馬の能力を充分発揮できる脚質を判断します。

私たちはかつて、競走馬としてデビューしたときに初めてわかる脚質は、育成期でのそれぞれの馬の行動に見られる個性と関連があるのではないかと考え、調査をしたことがあります。

馬を群れで飼うと必ず社会的順位が形成されます。複数の馬を一つの放牧地で飼い始めると、最初はお互いに入り乱れて威嚇し合いますが、1か月もすれば群れは落ち着きます。群れが落ち着いて安定して見えるのは、群れの個体間で勝負付けがついたからだといえます。このとき1番の馬が餌を食べているときに2番の馬が近づくと必ず威嚇されて追い返されます。一方、2番の馬は3番以下の馬なら威嚇して追い返します。

私たちはいくつもの放牧地で調査をおこない、社会的順位を記録して保存し、その馬たちが競馬にデビューしたあとでわかった脚質と照合して関連を調べました。社会的順位の高い馬は先行型の脚質かもしれないし、社会的順位の低い馬は逃げ馬になるかもしれないと仮定したわけです。

ところがデータをさまざまな角度から検討しましたが、残念ながら私たちの仮説を裏付けるだけの明確な成績は得られませんでした。馬の脚質は、主戦騎手の性格にも関係しているという人もいます。脚質は馬のメンタル面だけでなく、多様な要素が関係しているということなのでしょう。

人生はなかなか一筋縄ではいかないということです。

## 群れの構造

育成馬の群れの観察結果は、脚質とはうまく結びつきませんでしたが、生物学的には興味深い現象を認めることができました。育成期では牡と牝は別々に放牧地で飼われますが、牡の群れと牝の群れでは、社会構造に明らかな違いがあったのです。

第一の違いは、牝の群れでは社会的順位が直線的なのに対して、牡では順位の逆転がときどき見られるという点です。牝では群れでいちばん強い馬は他のすべての馬に対して優位であり、以下2番、3番と続き、最も劣位の馬はすべての馬から威嚇されていました。ところが牡の群れでは、1番は2番に対して優位であり、2番は3番に対して優位なのですが、なぜか3番は1番より優位であるといった社会的順位の逆転現象が観察されたのです。

二番目の相違点として、いわば友達関係の違いが挙げられます。観察では個体間の近接関係、すなわちどの馬がどの馬と一緒にいたかを5分ごとに記録しました。その記録を解析した結果、牝の群れでは、特定の馬同士で一緒にいることが多かったのですが、牡の群れではそうした組み合わせがあまり見られませんでした。すなわち牝は牡に比べて特定の仲間と、いわばつるんで行動することが明らかに多かったのです。

これらの性差から、牝の群れは牡の群れに比べて個体同士の関係がしっかりしているという印象を受けますが、こうした性差は、馬が本来持っている習性に由来していると考えられます。

野生下では通常、馬は一頭の牡と複数の牝で家族を作ります。家族を構成する牝同士の絆は強く、群れの牡馬が死んだり弱ったりすると、メンバーはそのまま一緒にいて、新しい牡を家族の長として受け入れます。絆が強いということは、それだけ個体間の関係がしっかりしているということでしょう。一夫多妻で、お父さんがいばっているように見えますが、実は馬の家族は妻たちが主導権を握っているのです。一方、まだ家族を作れない若牡たちも牡同士で群れを作りますが、その群れは永続的ではなく、メンバーは常に入れ替わります。

こうした野生下で牡馬と牝馬が作る群れ社会の違いが、人が選択淘汰を繰り返して作り上げてきたサラブレッドにも、内なる習性として脈々と受け継がれてきているものと思われます。

## 7 馬の知能と「クレバー・ハンス」

馬の知能は、どのくらいですか? とは、よく聞かれる質問です。どのくらいと聞かれても困ってしまうのですが、今回は100年以上前にヨーロッパで旋風を巻き起こした天才ホースの話です。

質問

馬ってどのくらい頭がいいのでしょうか? 馬は自分が出走する直前にはソワソワしだすといいますし、競馬に勝ったら厩舎へ帰る足取りも違ってくると聞きました。きっとすごく頭がいいのでしょうね。

(26歳 女性 競馬歴4年)

クレバー・ハンス

馬は普通に考えられているよりも相当頭がよいというのが、筆者の実感です。競馬を何回も経験した競走馬の中には、競馬の週に自分の出走を予感して、落ち着きがなくなったり食欲を落としたりする馬がいるようです。またゴール板の手前では自分がどんな走りをしなければならないかは、競馬を何回か走れば馬はわかるようになります。

さて今から100年以上前、一頭の馬が天才的な能力を持っているということで、ヨーロッパに一大センセーションを巻き起こしました。

今から100年以上前、高い知能を持った馬としてヨーロッパにセンセーションを巻き起こした「クレバー・ハンス」

馬の名はハンス。ベルリンで飼われている牡のオルロフ・トロッター（ロシア原産の繋駕速歩競走用の品種）でしたが、この馬は簡単な足し算や引き算はおろか、かなり複雑なことまで正確に答えることができました。

たとえば「3＋5は？」という質問に対して、ハンスは右前肢を少し前に出して8回床をたたいたあと、即座にその肢を引っ込めました。また「赤はどれ？」と聞くと、並べてある布の中から赤い布をくわえて持ってきました。さらに「ある月の8日目が木曜日なら次の金曜日は何日目か？」といった質問にも前肢で床をたたくことで答えました。この馬は〝クレバー・ハンス〟と呼ばれるようになりましたが、今ならテレビ局が取材に殺到したことでしょう。

ハンスを調教したのはフォン・オステンという元中等学校の数学教師で、まじめで誠実な人物として知られていました。彼は馬でも教育をすれば人並みの知性を持てるという信念のもと、4年の歳月をかけてハンスの能力を開花させました。

もちろんハンスの能力に疑いを持つ人々もいました。最も考えられるトリックはオステンが何かの合図を送っているということです。しかしオステンがその場におらず、周りが見ず知らずの人だけであってもハンスは正しい答えを出すことができました。

ハンスの謎を解明するために、心理学者、獣医師、サーカスのトレーナー、陸軍の軍人、教師、動物園長など13名からなるハンス委員会が結成され、詳細な検討がおこなわれました。そして1904年9月に委員会としての報告書が出されました。結論は「ハンスの能力に、トリックの痕跡はまったく認められない」というものでした。

## ハンスの謎解き

しかしその後、フングストという心理学者がハンスの能力のからくりを解き明かしました。実はハンスは計算することもカレンダーの曜日もわかってはいませんでした。ハンスはやはり人間の出す合図に反応していただけなのでした。

ハンスが正しい答えの手がかりとしていたのは、人が無意識のうちに出す微妙な動きでした。

たとえば「３＋５は？」という問いに対して、ハンスは床を打ち始めます。人々はすぐに答えの「８」という数を頭に思い描き、じっとハンスを見ながら床を打つ回数を数えます。そして8まできたときに人々はフッと緊張を緩ませます。ハンスは、人のこの緊張の緩みからくる微細な動き（大きくても2ミリメートル程度）を見逃さず、床をたたくのを止めていたのです。あるいは「赤い布」といったときに、周りにいる多くの人は赤い布にちらっと視線を向けますが、ハンスはそうした眼の動きすら正解の手がかりとしていました。

周りの人々が緊張の緩みからくる微細な動きを出せない状況、すなわち出題者も周りで見ている人も正解がわからないという状況にハンスを置き、いつもなら楽に答えられる問題をハンスにだけ示すと、彼は前肢でいつまでも床を打ち続けました。

馬が計算をするというのはとても無理なことで、能力を超えていることは間違いありません。しかし一方で、4年間の調教の中でハンスが獲得した注意力と正解を示す能力には驚くほかありません。

人間を含めて動物は、こうした無意識の動きを察知する能力を大なり小なり持っています。仮説を検証したい研究者の無意識下の行動が、被験対象（人とかネズミ）の行動をゆがめて、誤った結論をもたらすような場合は、以後「クレバー・ハンス現象（効果）」と呼ばれるようになりました。手話で人と会話するワショーという名のチンパンジーが、1970年代に世界的な話題となりましたが、このワショーに関してもクレバー・ハンス現象ではないかということで、大きな議論となりました。

さて、ご質問の中にあった、馬が自分の競馬への出走を予測するというのは、まさにクレバー・ハンス現象といえるでしょう。馬は調教の強度の変化、厩舎の人たちの動きで次の競馬への出走を察知しているものと思われます。また、馬は自分が競馬に勝ったことを自覚しているという証拠はありませんが、もし、その日の成績によって厩舎へ帰る足取りが違うとすれば、おそらく厩務員さんの喜びを感知して、自分も何だかうれしくなっているということであり、まさにクレバー・ハンス現象の一つといえるのではないでしょうか。

## ⑧ 馬の記憶力

人類は馬をさまざまな形で利用してきています。６０００年におよぶ人と馬の歴史の中で最も長期にわたり、かつ重要だったのは戦争における軍馬としての役割でした。かつて馬は帝国興亡の命運を握る存在だったといっても過言ではないでしょう。ほんの百年前、第一次世界大戦の戦場でも、馬はなくてはならない存在でした。

質問

スピルバーグ監督の「戦火の馬」のＤＶＤを借りて見ました。私の大好きな馬が主人公でとても感動しました。馬が苦しそうに肢を引きずりながら行進したり、銃声にほんとうにびっくりした様子は名演技なので感心しました。でもふと思ったのですが、馬のジョーイは、あんなに長い間アルバートに会っていなかったのに、彼を覚えていたというのは現実にはアリなんでしょうか？

（35歳　女性　乗馬歴25年　競馬歴10年）

**「戦火の馬」**

「戦火の馬」は馬好きには見どころ満載の映画といえるでしょう。馬が肢を引きずっているシーンや、苦しそうにしているシーンなど、すべて調教の結果だといわれてもにわかには信じがたいものといえます。同時に近代の戦争における馬の役割がリアリティーをもって描かれているところも見どころです。

さて、まだ見ていない人のために、この映画のあらすじを簡単に紹介しましょう。

英国の片田舎、四白流星の子馬が放牧地で誕生するところから物語は始まります。この馬は、アルバートの父親がセリで手に入れます。そのときから少年アルバートは、ジョーイと名付けられたこの馬と昼夜をともにし、固い絆で結ばれます。しかしジョーイは第一次世界大戦の勃発で軍馬として徴用され、アルバートから強引に引き離されてしまいます。そこからジョーイの、戦場を転々とする驚くべき旅が始まります。……このあとの物語はこれから映画を見る人に迷惑がかかるので、くわしくは書けません。ただし結末を明かさないと、映画をまだ見ていない人には、質問の意味がわからずかえって不親切と思われます。そこで問題となる終盤のシーンを書いてしまいますが、最後に軍馬ジョーイは、すでに青年に成長した兵士アルバートと英国軍のベースキャンプで奇跡的に巡り合うのです。

映画では、再会したときに、双方がお互いを認識し合ったように描かれています。人間はともかくとして、馬はそんなにも長い間、特定の人物を覚えていられるのでしょうか、というのが今回の質問です。

**馬は母親さえも忘れてしまう**

競走馬の場合、競馬場で数年過ごしたあと、繁殖牝馬として生まれ育った牧場に戻るケースが結構あります。しかし牧場関係者で、自分が育てた馬が戻ってきても、その馬が自分のことを覚えていてくれていたという印象を持つ人は、ほとんどいません。また牧場に戻って、初めて母親のいる繁殖牝馬の群れに放牧された場合、母親との再会をなつかしむどころか、新参の繁殖牝馬とまったく同様、自分の生母に対しても群れにおける社会的順位づけのための闘争行動が生じます。こうした観察例から、馬が過去に交流のあった人間を長期間記憶しているということは考え難いことといえます。

一方、この映画では馬の記憶が呼び覚まされたように見えたシーンでは、ある音がキーとなっています。

かつて私たちはＪＲＡ馬事公苑で馬の音に対する記憶について簡単な実験をおこなったことがあります。競馬を引退して時間が経過した馬が、競馬のファンファーレを記憶しているかどうかを調べたのです。このときに比較に使ったのは、競馬を一回も経験していない外国で購買した乗馬でした。その結果、外国産の乗馬はファンファーレに対してまったく反応を示さなかったのに対して、かつて競走馬だった馬は、競馬場の音を聞かせたとたん心拍数がみるみる上昇しました。馬の音に対する記憶が長期間保持されるという明らかな証拠といえます。

実は、映画ではジョーイは子馬時代に特定の音で調教されていました。主人公ジョーイが、数年を経てもその音を忘れずに、再び同じ音が聞こえたときに、かつて学習で獲得したものと同じ行動を示すということは充分に考えられることです。

以上の点から、この映画のジョーイとアルバートの出会いのシーンは、決して荒唐無稽なものではなく、科学的には充分ありうることだといえます。

ちなみに前述した馬事公苑での実験中、実験とは関係ない後ろにつながれていた馬が急に立ち上がらんばかりに騒ぎ出しました。その馬は、実は開催日には誘導馬として競馬場に出張していた馬だったのです。彼は競馬場の音を聞いて、馬事公苑なんかでのんびりしている場合ではないと騒ぎ出したものと思われました。

# 9 馬はどのようにして人を識別するか

競馬場は競走馬にとっても、きわめて刺激の強い場所といえます。たとえばパドック。馬は黒山の人だかりの中を周回しなくてはなりません。レースによってはパドックの内側まで、着飾った人たちが大勢いて、スマホや携帯でパチパチ写真を撮っていたりします。

こうした中、出走馬が、無用な興奮をせずに少しでも落ち着いているためには、手綱を持って一緒に歩いている厩務員との信頼関係が重要となります。実際、競走馬は手綱を取っているのが誰かということをわかっていますし、その人物との絆が強いほど、落ち着いていられるのです。

**質問**——私はイヌを飼っています。家族の一員です。イヌが飼い主や家族のことをきちんと識別しているのは一緒に生活していればわかるのですが、馬はどうなので

しょうか。知り合いの人とそうではない人を、馬は識別できるのでしょうか。（25歳　女性　競馬歴3年）

**感情を表情に出さない馬**

イヌは感情を全身で表します。人は、イヌのさまざまな動作から、その感情をかなりの程度読み取ることができます。一方、馬はイヌに比べると、はるかに表情の乏しい動物といえます。知り合いが近くに来ても全身で喜びを表したりしませんし、ましてや知らない人に対して吼《ほ》えたりもしません。よく調教された馬なら、誰が手綱を取っても、おとなしくついて行きます。

特定の馬と日常的に接している多くの人は、その馬が自分のことを認識していると考えています。トレーニング・センターの厩舎には、早朝多くの厩務員がオートバイで出勤してきますが、自分を担当している厩務員のオートバイが近づいて来ると、とたんにいななないて、飼い葉を要求するということが観察されることがあります。ただしこの現象は、馬が人物を識別しているという決定的な証拠とはいえません。オートバイのエンジン音の微妙な違いを聞き分け、その音と餌とを関連付けて学習しているに過ぎないととらえることもできるのです。

馬は、普段自分の手入れをしてくれたり餌を与えてくれる人をしっかり認識している――もしこのことを客観的に証明できれば、厩舎の人たちの馬を見るまなざしも変わり、よりいっそう愛情をこめて馬の世話をするようになるのではないかとも考えられます。

そこで私たちは、馬が人を識別する能力があるかどうかを検証する実験をおこないました。

## 人との絆と馬の落ち着き

実験には、まもなく競馬場に入厩することになっている2歳のサラブレッド育成馬14頭を用いました。この馬たちにはそれまでの約半年間、専属の育成担当者が割り当てられ、その担当者がもっぱら手入れや騎乗馴致、調教をおこなってきていました。

実験は、馬たちを、1頭ずつ今まで行ったことのない、風船が天井から吊るされた異様な感じのする場所まで連れて行き、その間の行動を観察するというものでした。また同時に、馬の情動を示す指標として心拍数、ＰＣＶ(注)なども測りました。

実験では馬たちをファミリア群とノンファミリア群、それぞれ7頭の2群に分けました。ファミリア群は担当者が手綱を取って知らない場所へ連れて行くグループとし、ノンファミリア群は普段交流のない他厩舎の人が手綱を取るグループとしました。

さて、その成績ですが、ファミリア群、ノンファミリア群ともによく調教されていたということもあり、引き手が誰であっても抵抗することなく素直について歩いて行きました。また風船設置場所に到着後、採血をしてPCVをはかると、出発前に比べて両群とも明らかに値は上昇していました。このことは、単に知らない場所に足を踏み入れたということだけでも、馬にとっては充分にストレスとして機能していたことを示すものと考えられました。ただし、PCVの上昇度合いにファミリア群、ノンファミリア群両群の間に違いは認められませんでした。

両群の間で最も大きな違いが見られたのは、心拍数の上昇度合いでした。

馬は今まで行ったことのない場所ではとても緊張し、心拍数は増加します。実際、実験に使ったすべての馬の心拍数は、初めての場所に足を踏み入れたとたん増加しました。しかしその増加の程度はファミリア群とノンファミリア群との間で異なっていました。すなわち、ファミリア群の馬たちの心拍数の増加の度合いは、ノンファミリア群の馬たちに比べて統計的に有意に低かったのです。

ファミリア群の馬は担当者に手綱を取られて歩いてきました。なじみのある人がそばにいることで、知らない場所に連れてこられても比較的落ち着きを保っていられたものと考えられます。このことは同時に、馬はかたわらにいるのは誰かを識別する能力があるという証明にもなっています。

きわめて刺激の強い競馬場のパドック。レースを控えた競走馬でも、かたわらにいつも愛情を持って接してくれている信頼のおける人がいてくれれば、より落ち着いて競馬に臨めるものと考えられます。

注：ＰＣＶはヘマトクリット値とも呼ばれ、血液中に占める血球の容積の割合を指す。馬の場合は普段、脾臓に濃度の高い血液が貯められており、興奮刺激により放出されることでＰＣＶは上昇する。

## 10 馬運車の中はどうなっている？

現在、日本国内での競走馬の輸送は、もっぱら馬運車と呼ばれる大型のトラックでおこなわれています。しかし、かつては貨車での競走馬輸送が一般的でした。馬は最寄りの駅まで貨物列車で運ばれ、そこから目的地までは人が引いて行きました。蒸気機関車が主流だったころは「トンネルを抜けると馬はススだらけだった……」ということもあったようです。

さらに昔、鉄道もなかった時代の英国では、サラブレッドは馬車にのせられて競馬場まで運搬されることもありました。馬車に乗ったエリート競走馬と、それを引っ張る馬車引き用の馬。階級社会英国を彷彿させる光景ではあります。

**質問**

この前、高速道路でウシを運んでいるトラックを見かけました。ウシは横向きにびっしり並んでいました。それから「競走馬輸送中」というプレートをつけた大きなトラックを追い抜きました。私でも追い抜けるぐらいモタモタ走っていました。中は見えなかったのですが、馬もウシみたいに横向きにたくさん積んでいるのでしょうか。それとも、サラブレッドだから贅沢に個室みたいになっているのでしょうか。

（23歳　女性　競馬歴1年）

---

## 馬を運ぶ

札幌、函館や小倉などシーズン中は競走馬がその競馬場に滞在するケースを除けば、競馬に出走する競走馬のほとんどは、競馬開催の当日の朝にトレーニング・センターから競馬場まで馬運車で運ばれます。これから競馬で走るわけですから、馬にはリラックスしてもらう必要がありますし、けがや事故などはもってのほかです。そこで競走馬を運搬中の馬運車は、高速道路でも慎重に制限速度を遵守して運行されます。べつにわざとモタモタ走っているわけではありません。

ＪＲＡで使われている大型の馬運車の場合、普通は4頭程度の競走馬が1頭ずつ前向きに積まれています。隣の馬とぶつからないように、境には横棒と仕切り板が渡してあります。馬運車の中には、競馬場に着いたら食べさせるための餌や、競馬に必要な馬具も積まれています。
もっとも、世の中にはさまざまなタイプの馬運車があります。それこそ個室タイプのものから、後ろ向きに積むもの、車内が斜めに仕切られていて横から乗せるタイプの馬運車もあります。だいぶ前ですが、ジャパンカップで馬とともに来日した調教師から、自分の馬は本国と同様、後ろ向きに馬運車に積んで輸送してほしい、という強い要望が出されたことがあります。そのときは急遽馬運車に簡単な改造を施し、要望に対処しました。

このとき、一つの疑問が浮かびました。

日本の馬運車は、馬を積み込むときの利便性を考えて、前向きの状態で馬を運ぶように設計されています。しかしこれはあくまでも人間の側の都合であって、馬はどちらを好むのであろうか、という疑問です。そこで私たちは、その回答を知るべく実験をおこないました。

### 馬は後ろ向きを好む?

実験は、馬を自由に方向転換ができるようにして輸送をした場合、最終的には馬はどちらの方向を向くようになるかを調べるというものでした。

　まず馬運車内の仕切りをすべてはずし、後ろ半分を区切り、板を張って馬のスペースとしました。そして天井にカメラを設置して映像を録画するとともに、前半分のスペースにいる観察者がモニターで馬の様子を観察できるようにしました。馬のスペースからは、まったく外は見えないようにして、前後には乾草と水桶をつるしました。床には敷きわらを敷き、２頭の馬をその中に放しました。

　馬運車の運行スケジュールは20分走行し、20分止まってアイドリング、20分エンジンも止めるという操作を1セットとして、これを5回繰り返すというものでした。また、走行中に必要なときしかブレーキをかけない通常走行群と、走行中に急ブレーキを5回かける急ブレーキ群を設定しました。急ブレーキをかけることで、馬はより極端な反応を示し、好む向きが明確にわかるのではないかと予想をしたのです。

　ちなみに実験は、交通量のきわめて少ない北海道のＪＲＡ日高育成牧場周辺で実施しました。

　さて成績ですが、急ブレーキ群のほうが馬の好む向きが、より明確にわかるのではないかという予想は見事にはずれました。急ブレーキ群の馬は出発5時間を経過しても、一定の方向を向くようにはならず、まるでランダムに位置を変えているように見えました。これは、いつ急ブレーキがかかるかわからず、いつまでも落ち着きなく動き回っていたためと考えられました。

これに対して通常走行群は、最初のうちこそうろうろ動き回っていましたが、時間が経つにしたがって次第に落ち着き、あまり動かなくなっていきました。そして走行中は後ろを向いてじっとしていることが、明らかに多くなりました。この成績から見ると、どうやら私たちのやったような輸送条件のもとでは、馬は後ろ向きを好むようです。

馬運車

馬は、骨格の構成上、前肢は横に広げることができますが、後肢はほとんど広げることができません。カーブで振られたときは、前肢を広げることで安定して立っていることができます。もしかするとそうしたことが後ろ向きを好む原因なのかもしれませんが、残念ながらはっきりとした理由はわかりませんでした。

# 11 馬は何歳まで生きる?

インターネットなど情報技術の進歩のスピードは、ドッグイヤーと呼ばれることがあります。犬の1年は人の7年に匹敵する、すなわち3歳の犬は人なら21歳に当たるとされています。情報技術は他の分野に比べ、犬の成長スピードに近い速さで革新されていくということから、そう呼ばれているわけです。一方、ドッグイヤーよりもう少し穏やかな変化をする場合をホースイヤーと呼ぶことがあります。ホースイヤーといった場合の変化のスピードは、ドッグイヤーの半分ぐらいといったところでしょうか。

**質問**

自分はハイセイコーの活躍ぶりをリアルタイムで見たことが自慢です。また種牡馬となったあとに北海道へ会いに行ったのもなつかしい思い出です。たしかハイセイコーは25歳ぐらいまで種付けをしていたと記憶します。そこで質問ですが、ハイセイコーの最後の種付け年齢の25歳は、人間でいえば何歳に当たるのでしょうか。それからサラブレッドの長寿記録はいくつなんでしょうか。
（73歳　男性　競馬歴50年）

**ホースイヤー**

普通、馬の年齢は4、5倍すれば人間の年齢に換算できるといわれます。ハイセイコーは25歳のとき繁殖牝馬1頭に種付けをして種牡馬生活を引退しました。仮に人の年齢に換算するときの掛け算の係数が4とすると、ハイセイコーはこのとき100歳ということになります。画家のピカソは67歳で子どもを作っていますし、ロック歌手のミック・ジャガーは72歳で8番目の子を授かったそうです。しかし、人間の男性が100歳で子どもを作る能力を有しているかどうかは、はなはだ疑問です。もっとも種牡馬の場合は交配相手は毎回変わります。

そもそも動物の年齢を単純な掛け算で人の年齢に換算するということには無理があります。

馬は出生後、短期間で急速な成長を遂げます。たとえば出生直後の体重が、人では6か月かかって倍になるのに対して、馬では1か月で倍になります。サラブレッドはおよそ6か月齢で離乳されますが、この時期は行動の幼さから見て、人では小学校の入学年齢の6歳ぐらいに当たりそうです。ですから当歳時には馬は人の6～12倍のスピードで成長しているともいえます。

3歳になった競走馬たちはオークス、ダービーに向けてしのぎを削ります。これらの馬たちが目指す二つのレースは、毎年5月の下旬から6月の上旬にかけ、おこなわれますが、この時期は人でいえば16歳ぐらいに当たるとされています。成長のステージや生殖器の成熟具合を考えた場合、この年齢換算はほぼ妥当なところといえるでしょう。

またサラブレッドの競馬におけるパフォーマンスのピークは平均的には4歳秋とされています。競馬と生体負担度がよく似ているとされる陸上800メートル競走の男子世界記録はケニアのデイヴィッド・レクタ・ルディシャが23歳のときに作ったものですが、サラブレッドの4歳秋は人に換算すればそのくらいの年齢ということになるでしょうか。

ちなみに世界の最長寿記録は馬で62歳、人では122歳だそうです。

さて25歳で最後の種付けをしたハイセイコーですが、縷々《るる》総合的に判断して、人でいえば75歳前後、まさに質問された方と同年齢くらいといえるのではないでしょうか。

## 馬の長寿記録

馬の最長寿記録は先にも述べましたが、ギネスブックによるとオールドビリー（Old Billy）という英国で飼われていた馬で、1822年まで62年間生きたそうです。ただしこの馬は中間種（いわゆる雑種）の馬でサラブレッドではありません。

サラブレッドの日本最長寿記録ホルダーは長らくシンザンでした。シンザンは戦後の高度経済成長期に活躍し、競馬の大衆化に大きく貢献した立役者ともいえる存在です。1964年に三冠馬となったシンザンは、種牡馬となったあとも多くの産駒を送り出し、1996年7月に35年3か月の生涯を閉じました。この年齢は人間に換算すれば優に100歳を超えているものと考えられます。

戦後復興期の競馬を盛り上げたシンザン。サラブレッド長寿の日本記録ホルダーでもあった

また長寿のサラブレッド繁殖牝馬として有名だったのは2頭の日本ダービー馬の母イ

サベリーンです。イサベリーンはアイルランドから輸入された牝馬で、初子のヒカルメイジが１９５７年に、第三子のコマツヒカリが１９５９年にそれぞれダービーを制しています。イサベリーンは１９７８年11月、34歳６か月の生涯を終えました。

こうしてみると名馬は長寿のように思えますが、功労のあった馬だからこそ老後も深い愛情に支えられて長生きしたということもできます。ちなみにサラブレッドの世界最長寿記録ホルダーはオーストラリアのタンゴデューク（Tango Duke：１９３５～１９７８）で42歳まで生きました。この馬は最長寿のサラブレッドとしてのみ有名で、競走馬としては特筆すべき馬ではなかったようです。

## コラム４　ディープインパクトと社会

ディープインパクトは２００４年にデビューし、２００６年の有馬記念で引退するまで、14戦12勝。競馬を知らない人でも、その名前は知っていたという点で、この馬の存在は一種の社会現象だったといえるでしょう。

日本の競馬界は今まで多くの名馬を生み出してきました。しかし特定の競走馬で社会現象ともいえるほど世間から注目されたのは、数えるほどしかいません。

ハイセイコー。1972年、地方競馬の大井競馬でデビュー。6連勝後中央競馬に移籍し、皐月賞を含めて4連勝してダービーに臨みましたが、3着に敗れました。ハイセイコーは一冠馬にすぎないともいえますが、今でも多くの人の記憶に残っています。この馬が活躍したのは、戦後高度経済成長期で、人々は将来は光に満ちていると感じていました。そうした社会背景がハイセイコーを立志伝中のヒーローに仕立て上げたのかもしれません。

オグリキャップ。この馬も地方競馬（笠松）出身で、もちろん強い馬でしたが、その出自がヒーローとしての大きな要素となった点ではハイセイコーと似ています。オグリキャップを伝説のヒーローとして決定づけたのは、天皇賞6着、ジャパンC11着と敗れていった最終シーズンの有馬記念での復活ドラマといえるでしょう。この馬が活躍したのは1987年から1990年の4年間。ときあたかもバブル経済のピークに近く、世の中は浮き立ち、その浮き立ち具合が、オグリキャップの活躍に重なって見えます。

さて2004年デビューのディープインパクト。父は偉大な種牡馬サンデーサイレンス、名門ノーザンファームで生産され、エリートとして教育を受けてきました。池江厩舎に所属し、手綱をとるのは武豊。まさに完璧な環境といえるでしょう。雑草育ちがつけ入るすきもない。当時から、日本の社会は流動性が失われ、格差社会になりつつあったとする識者も多くいます。ディープインパクトはそうした、まさに今の日本社会を反映する先駆けと見えなくもありません。

しかし世界の頂点に立つには、この完璧さが不可欠だったのかもしれません。

［対談］武　豊×楠瀬　良

# 馬という動物の繊細さを知ってほしい

拙著『サラブレッドはゴール板を知っているか』に掲載した武豊騎手との対談をここに再録します。この対談は今からおよそ20年前に京都でおこなったものです。このとき武騎手はデビュー10年目にして１３００勝を達成したところでした。すでにスーパークリーク、メジロマックイーンといった日本競馬に名を残すサラブレッドに騎乗して多くの重賞を制覇してきた、押しも押されもせぬ若手のホープという存在でした。さてこの対談、20年前のものとはいえ、まったく色あせず、今読んでも新しい発見があります。特にテン乗りの馬の気質や脚質を、またがってからスタートするまでの短時間で判断する話は圧巻といえます。すぐれた騎手は騎乗センスばかりでなく賢さが不可欠と感じるのは私だけではないでしょう。不断の努力に加え、その賢さが武騎手をＪＲＡ通算４０００勝という未踏の記録に導いた要因といえるかもしれません。

**武　豊**（たけ・ゆたか）
ＪＲＡ所属騎手。1969年滋賀県栗東町生まれ。1987年デビュー。1988年菊花賞をスーパークリークで勝利し、史上最年少でのクラシック制覇を達成。通算騎乗回数、通算勝利数、通算ＧⅠ勝利数、全国リーディングジョッキー（年間最多勝利）通算回数など、数多くのＪＲＡ記録を保持している。

**楠瀬**　これは当たっているかどうかはわかりませんが、岡部騎手が若馬を教育して能力を引き出す職人とすれば、武豊騎手は、今乗って競馬を走らせている馬の能力をリアルタイムで一〇〇パーセント引き出す名人という一般的なイメージがありますが。

**武**　そうですか。

**楠瀬**　もちろん一流の騎手であるためには両方の技術ともすぐれている必要があるのでしょうが。
そこで、まず競馬の流れにそって具体的に話をうかがっていきたいと思います。

武　企業秘密の部分もあるかもしれませんが（笑）。

楠瀬　そんなことありませんよ（笑）。

武　ええ。

楠瀬　まずパドックですが、普段調教をつけている馬なら性格はつかめていますよね。

武　ええ。

楠瀬　競馬当日に初めて乗る馬、いわゆるテン乗りの馬の場合、またがってみてからあれこれとその馬の性格をみきわめていくことになりますよね。

武　ええ。

楠瀬　馬の性格を判断するときは、あらかじめいくつかのパターンが頭のなかにあって、この馬はあのパターンだとか、こっちのパターンだとかと当てはめるという感じなんですか。

武　そうですね。何となく、そういうパターンみたいなものはあるような気がします。パターンというか、タイプですかね。臆病な馬だなとか、気の強い馬だなとか。とりあえず知っておかなくてはならないのは、スタートのときに気合いをつけていいのかどうかということです。テン乗りの場合はわかりませんから。ですからパドックから返し馬までに、まずそれをつかむんです。

**楠瀬**　そのときに感じた印象が、調教師の指示と違う場合もあるんじゃないかと思うんですが。

**武**　それはありますね。調教師さんからは、こういう馬だからこういう乗り方をしてくれって言われることがありますけど、またがってみると、そういう競馬をして大丈夫かなと思うことがあります。調教師さんに言われたとおりの乗り方をすれば、仮に負けても何も言われませんけど、自分は自分なりのベストの乗り方をしたいですから、どうしようかなって悩むことはありますね（笑）。

**楠瀬**　そうなると、ことは面倒ですね（笑）。

**武**　総合判断ですね（笑）。

## レースのときに考えること

**楠瀬**　レース中は馬はレースに集中しているでしょうし、乗っているほうももちろんそうでしょうけど、気を配るというか、どんなことを考えて乗っているんでしょうか。

**武**　もちろんペースのこととか、どの馬がどこにいるのかとか自分の馬以外のことも考えますし、自分の馬の状態、どういう気分で走っているのかとかも考えます。

乗っている感触と、それから耳はよく見ますね。耳は馬の感情が出るところですから。

**楠瀬**　具体的には耳を絞っている馬とか……。

**武**　立てている馬とか。

**楠瀬**　耳を絞ったり立てたりというのがどんな状況なのかは個々の馬によって違うんだと思うんですが、明らかなのは、馬は威嚇するときには必ず耳を絞りますよね。

**武**　競走中は騎手を気にしているときに耳を絞ったりしていますね。
　ぼくは馬がリラックスして走っているのがいちばんいいと思っていますから、何も考えていないで走っている状態、耳が立っているわけでもないし後ろを向いているわけでもない、ふつうの状態が気分もいちばんいいと思うんです。同じ馬でも気分よく走ったときは末の粘りが違いますから。

**楠瀬**　もし、馬の様子がそうでなければ、自分が何か邪魔をしているんだなとか思うわけですか。

**武**　そうです。

**楠瀬**　話はもどりますが、返し馬のときもそんなところも見ているんでしょうね。

**武**　そうです。他の馬に近づけたときに耳を見れば、馬を気にするタイプの馬かどうかがわかりますね。

それから走っていて肩ムチを入れたときに耳を絞ったりすると、この馬はいやがっているのかなとか。

**楠瀬**　バランスが悪いんじゃないかと思ったりはしませんか。

**武**　騎手のですか。

第26回ジャパンカップ、最後の直線でディープインパクトに右ムチを入れる武豊騎手

**楠瀬**　ええ。

**武**　うーん、それはあまり思わないですね（笑）。何かいやがっているんだなと。

**楠瀬**　その、馬がいやがっていることを排除していくわけですね。

**武**　そうですね。ハミが当たるといやがる馬もいますし。

**楠瀬**　レース中は相当忙しそうです

ね（笑）。

**武**　うーん（笑）。ただ実際は無意識というか、そればっかり考えていたらペースもわからなくなりますから。

**楠瀬**　それで、いよいよ追い出すときに、馬に余力があるとかないとかいうのは、ある程度わかると思うんですが……。

**武**　はい。

**楠瀬**　どうしてわかるんですか。

**武**　まあ〝手応え〟なんですけど、それは感覚なので、どう言ったらいいのかな……。

**楠瀬**　ハミに余裕があるとか。

**武**　そうですね。手綱かなあ。そう言われてみると、いったい何で感じているんだろうと思いますね。

**楠瀬**　ところで、あの〝追う〟っていうことなんですけど、追うっていうのは何かって言われても困るんでしょうけど（笑）、つまり勢いをつけるということなんですか。

**武**　そうですね。欧米では〝押す〟って言うんですけど。日本くらいですね、〝追う〟って言うのは。

**楠瀬**　プッシュですね。

**武**　本当に押すっていう感覚ですね。

**楠瀬**　それは気合いをつけるということなんですか。

**武**　馬が着地するときに、もう何センチか先につかせるっていうことですね。

**楠瀬**　それは教育でできるようになる。

**武**　馬もわかりますね。ムチを入れなくても、そういう姿勢になれば馬も走ります。

**楠瀬**　さきほどパドックでまたがったときのことをお聞きしましたけど、返し馬のときはどうですか。今日は勝てそうだとかいう感じはわかるものですか。

**武**　勝てるかどうかはわかりませんけど、いつも乗っている馬だったら、今日はいいなとか感じますね。馬が落ち着いているとか、動きが素軽いとかですね。

**楠瀬**　それは外から見ていてもわかりますか。

**武**　どうでしょうね。わからないんじゃないですか。もちろん、落ち着いているとかそういうことはわかるでしょうけど。

**楠瀬**　やっぱり乗っている人でないとわからない。

**武**　ぼくらが他の馬を見てもわからないですからね。

**楠瀬**　調教ではどうなんですか。

**武**　調教もずっと乗っている馬については、このあいだ勝ったときはこんな感じだったなって覚えてますから、いい感じになってきているっていうのはわかりますね。ただ、レースの勝ち負けっていうのは一頭だけのことじゃないですから。

**楠瀬**　展開もあるし……。

**武**　展開もあるし、メンバーにもよりますしね。

## 騎手に求められる条件

**楠瀬**　武さんは子供のころから馬に乗られているんですよね。

**武**　ええ。乗馬を始めたのは一〇歳からです。

**楠瀬**　武さんご自身は、早くからやっていてよかったと思いますか。

**武**　よかったと思います。ただ、ぼく自身は乗っていたというより、馬の近くにいたことがプラスになっていると思います。

**楠瀬**　騎手に必要とされる条件はいろいろあると思うんです。肉体的なものだとか、技術的なものだとか、精神的なものだとかですね。

**武**　肉体的には体は柔らかくなければいけないですよね。

**楠瀬**　固いよりは柔らかいほうがいいですね。

**武**　運動神経もないよりあったほうがいい（笑）。

**楠瀬**　ええ（笑）。

**武**　でもまあ、自らが走るとか泳いで競うというわけではない。騎手としての技術的なこともいろいろあるんでしょうが、ぼくに興味のあるのは精神的なことですね。で、武さんは負けずぎらいですか。

**楠瀬**　いや、そんなことはないと思います。

**武**　わりとのんびりしている。

**楠瀬**　そうですね。

**武**　騎手はあまり自己主張が強くないほうがいいと思います。騎手は馬に乗るわけで、馬はもちろんしゃべれないですから、こっちがそれをわかってやらなければいけないし、こちらが馬に合わせてやらないといけないですからね。

**楠瀬**　余裕がないといけない。相手の気持ちを理解する懐の深さが必要になるわけですね。

馬がこれをいやがっている、じゃあそれを排除してやろうというのは、騎手に余裕がないとできないことですよね。

**武** そうですね。騎手は自己主張が強くないほうがいいというのは、たとえば右に行くときに「右に行け！」って言うんじゃなくて「左じゃないよ、右に行こうよ」っていう感じなんですけどね。

**楠瀬** それは女性にも、もてますね。

**武** 今はそんな話じゃないでしょ(笑)。

**楠瀬** すいません。ところで、好きな馬っていうのはありますか。

**武** それはありますね。

**楠瀬** 具体的にはどんな馬が好きですか。

**武** 名前はあげられないですけど、走る馬、強い馬っていうことではなくて、ずっと条件戦を走っているような馬でも、この馬にはいつまでも乗っていたいと思う馬はいます。自分と合うっていうのかな。

**楠瀬**　ウマが合う。

**武**　そうです。本当にウマが合うんですね（笑）。

**楠瀬**　タイプとしては。

**武**　そうですね。素直っていうのかな。素直なのがいちばんいいですね。

**楠瀬**　馬がまだ子供だとかよく言いますよね。遊んでしまって走らないとか……。

**武**　走る気がない馬ですね。

**楠瀬**　そういう馬を早く大人にするにはどうしたらいいんですか。

**武**　やっぱり慣れがいちばんなんでしょうけど、とりあえずふつうにまわってきて、やっぱり負けましたじゃだめだと思うんです。返し馬でもゴールを過ぎてからでも、ジョッキーができることはあるんです。砂をかぶるのをいやがる馬には、ゴールを過ぎてからわざと馬の後ろに入れて砂をかぶせて慣れさせようとか。

**楠瀬**　調教と競馬では馬にとってもシチュエーションが違うんですけど、調教では走らないのにレースになると走るっていう馬がいますね。あれが不思議なんですけど。

**武**　あれは不思議ですね。ダートで調教していて走らないのに、ダートのレースで走る馬とかいますから。逆のほうが多いんですけどね。

**楠瀬**　普段とぼけているのに本番にはめっぽう強い……。人でもときどきいますけど（笑）。

**武**　馬はこれからレースだっていうことをわかっていると思うんです。

**楠瀬**　はい。

**武**　その闘志のピークをスタートに持っていくのも騎手の役目なんでしょうね。

**楠瀬**　ええ。ただ騎手が騎乗してからスタートまでが長いですよね、日本は。馬券を売る関係上しかたないのかなとは思いますが（笑）。

**武**　馬場に入ってからも、あまり長いと、そこで終わっちゃう馬もいますね。今はGIレースなんか、お客さんの盛り上がりがすごいじゃないですか。だからなおさらですよね。

## 馬のかしこさ

**楠瀬**　強い馬は利口でもあるって言われることがありますが、それを感じることがありますか。

**武**　利口にも種類があるんです。

競馬で勝つためにどうしたらいいかという意味で、むだな力を使わない馬も利口でしょうけど、馬場を走っていてあそこが帰り口だということがわかっている馬も利口ですよね。レースの途中でもそっちに行きたがる馬がいるんです。どっちも利口なんですよね。まじめに走る馬も利口だし、「あっ出口があった」って帰りたがる馬も利口だし。

**楠瀬**　そうですよね（笑）。

**武**　でも、本当に利口だったら、おとなしくレースを走って勝つのがいいことだってわかるのかもしれないですしね。

**楠瀬**　馬はゴール板をわかっていますか。

**武**　わかっていますね。半分くらいはわかっていると思います。何回かレースをするとわかりますね。

**楠瀬**　長い距離のレースでは、二回ゴール板を通過しますね。

**武**　ええ、そのときはやっぱり、一周目の四コーナーで行きたがる馬が多いですね。

**楠瀬**　ここまできたら加速するものだと思っている。

**武**　もう一周あるのに間違えてるわけです。それで、「いや違うんだよ」って教えると、「ああそうか」っていう感じでリラックスする馬もいます。それから一周目なのにゴール板の前を通過したら急に走る気をなくす馬もいます。そのときも「もう一周あるよ」って教えてやるんです。

**楠瀬**　それは騎手が武さんだからっていうことではないですか。武さんは馬をリラックスさせながら走らせるけど、もっと強引な騎手だったら違うっていうことは。

**武**　いや、馬が自分で動こうとしたら人は勝てないですから。力では絶対にかなわないし。

**楠瀬**　勝った負けたっていうのは馬はわかっているんでしょうか。

**武**　それはどうでしょう。

**楠瀬**　ゴールしたあと愛撫しますでしょう。

**武**　そうですね。勝ったときはしますけど。

**楠瀬**　負けたときはしないんですか。

**武**　しないですね。その馬が本当に走ったときはしますけど、どこかで息を抜いたとか、直線で外に行きたがったときはしないですね。

**楠瀬**　勝ったら愛撫をするっていうのを繰り返せば、わかるようになるのかな。でも勝つ機会っていうのはあまり多くないですからね。

**武**　勝つと写真撮影がありますよね。勝ち慣れている馬は自分からウイナーズサークルに行くんですけど、なかなか勝てない馬は帰ろうとするんですよ。勝ったことをわかっていないのかなって思いますね（笑）。

**楠瀬**　勝ち慣れている馬は負けたときもウイナーズサークルに行こうとしますか。

**武**　負けたときはぼくらはもう乗っていないからわからないですけど、負けてウイナーズサークルに行こうとする馬はさすがにいないんじゃないですか（笑）。でも、おもしろいように現れますよ。勝った馬でも勝ち慣れている馬はウイナーズサークルに行こうとするけど、何年ぶりかに勝ったような馬は帰ろうとしますから。

**楠瀬**　愛撫も大きな報酬ですけど、もっと大きな報酬を勝ったときに与えてやれば、次も頑張って勝つかもしれないですね（笑）。
　麻薬犬を訓練するとき、報酬は遊んでやることなんです。犬が麻薬を見つけたら遊んでやるんですね。犬はまた遊んでもらおうと思って頑張ってまた探すんです。

**武**　ぼくらは乗るだけですけど、厩務員さんなんかが勝ったときにほめてあげればわかると思いますね。

**楠瀬**　武さんはもう何度も外国に行かれていますよね。

**武**　はい。

**楠瀬**　レースとか乗り方は勉強になりますね。それは当然としても、調教とか馬の扱いとかに驚かされることが多いですね。

### 外国の競馬

**楠瀬**　かなり違いますか。

**武**　違いますね。でも、外国だったらどこでも同じというわけではなくて、ヨーロッパだったらこう、アメリカだったらこうって、それぞれ全然違いますね。

**楠瀬**　それは競馬の質が違うからっていうこともあるんでしょうか。ヨーロッパだったら、力のいる競馬（芝が長いため力のロスが大きいコース）であるとか。

**武**　そうですね。アメリカはトラックで調教しますし、ヨーロッパは広いところで調教しますしね。

**楠瀬**　それぞれから取り入れられるものがあれば、取り入れればいいんでしょうが、たとえばヨーロッパと日本とで大きく違うところはどこでしょう。

**武**　まずヨーロッパでは厩舎を出るときから乗り役が乗りますよね。引くのではなくて。乗り役が乗って縦一列になって歩いて行きます。

フランスなんかは、調教もインターバル・トレーニングですね。一〇〇〇メートルくらい走って、少し歩いて、また一〇〇〇メートル走るっていうような。それを縦に並んでやるんです。日本は横に併せますけど。

**楠瀬**　縦になるっていうのには意味があるんですか。

**武**　あるんでしょうね。競馬でもたいてい馬の後ろにつくわけですから。

**楠瀬**　集団で行くんですか。

**武**　集団で行きます。一〇頭くらいですね。

**楠瀬**　そのなかで、レースの近い馬っていうのはどの位置にいるんですか。

**武**　だいたい、ぼくが見た感じでは真ん中くらいですね。それから追い切りのときには、力のある馬が必ず後ろにいて、最後二〇〇メートルくらいで外に出して抜かせるっていうことをやります。

**楠瀬**　それはひとつには我慢させるっていうことですね。

**武**　そうですね。

**楠瀬**　もうひとつは勝ち味を覚えさせる。

**武**　ええ。

**楠瀬**　競馬のシミュレーションをやってるっていう感じですか。

**武**　日本の場合、集団で馬場に出ることも、馬の後ろにつくことも少ないですよね。競馬で初めて馬の後ろについて砂をかぶって、頭を上げてしまってレースにならない馬がいますけど、向こうではそういうことがないですね。

**楠瀬**　アメリカはどうですか。

**武**　トラックだけなので、日本のトレセンと似てるといえば似てるんですが、ひじょうにあっさりした攻め馬（調教）をしますね、アメリカは。えっ、これだけ？　これで上がり？　っていう感じです。馬場に入って、少しダク（速歩《はやあし》）を踏んでキャンターにおろして一周半くらいまわって終わりですね。追い切りのときも、五ハロン（1ハロンは8分の1マイル。日本競馬では1ハロン＝200メートルに換算している）の追い切りだったら六ハロン標までダクで行って、キャンターにおろして五ハロンから追い切ってそれでおしまいですから。

**楠瀬**　その前後の運動はやるんでしょう。

**武**　引き運動はやってますけど、人間が乗ってる時間は、ヨーロッパに比べるとすごく短いですね。

**楠瀬**　どっちがいいんでしょう。

**武**　どっちがいいんでしょうね（笑）。

**楠瀬**　アメリカにしてもヨーロッパにしても、ブレーキングは時間をかけてきっちりやりますよね。

**武**　そうです。やっぱりしつけができていますから、変なことはしないですね。

**楠瀬**　オセアニア、たとえばオーストラリアでは離乳まで親子で昼夜放牧、といえば聞こえはいいのですが、要するに放りっぱなしで飼うなんていう場合が多いようです。

**武**　そうなんですか。

**楠瀬**　ええ。そうすると、人とのふれ合いはほとんどないんですね。でもまあ、乗れるようにしなければいけませんから、六カ月くらいで強制的に離乳する。そのときに子馬は急にお母さんがいなくなって大騒ぎをするんです。そこに人間が入って行く。彼らは一頭でいるのは淋しい。人間もこわいけれど、とりあえず動いているものに頼ろうとする。それを利用して人に慣らしていく。

**楠瀬**　オーストラリアとかニュージーランドの馬っていうのはどうですか。

**武**　ははあ。

**楠瀬**　あまり乗りやすいとは思わないですね。意思の疎通がしにくいんです。もちろんオーストラリアの騎手が乗っているときはうまくいっているのかもしれないですけど。

　ぼくもいろいろな国の馬に乗りましたけど、オーストラリア、ニュージーランドの馬は乗りにくいと思いましたね。

**楠瀬**　反応が不安定なんですか。

**武**　教育が違うんですね。いつもハミをかませて、手綱をガチッと絞って。ハードなんです、合図を出すときの出し方が。ステッキもバンバン入れますしね。

**楠瀬**　そうしないと動かない、そういう教育をしてしまっている。

**武**　そうでしょうね。

**楠瀬**　でも、もしかすると、幼時体験がそういう馬にしてしまっているのかもしれないですね。

## 脚質と性格

**楠瀬**　馬の脚質についてなんですが、脚質というのは馬の肉体的なもので決まるんですか。

**武**　肉体的なものと精神的なものと、両方ですね。馬込みをきらう馬は逃げるか追い込むかですね。それかずっと外をまわるか。

**楠瀬**　そういうことは騎手が馬の様子を見て判断するんですか。

**武**　そうです。

**楠瀬**　ぼくは育成牧場で放牧地の馬の群れの観察をしたことがあるんですが、群れのなかの各個体で強い弱いの序列がつきますよね。社会的順位と言うんですが。

**武**　ええ。

**楠瀬**　とくに牝馬はその順位がはっきりしていて、数週間で順位ができあがるんです。

**武**　それはどんなときでも、順位がつくんですか。

**楠瀬**　そうです。牡はもうちょっと複雑で、ときどき間違ったりするんですけど（笑）。それで、追い運動（集団の馬を後ろから追い立て走らせる運動）をすると、たいていは強いやつが先頭を走ろうとするんです。その強いやつは後ろから抜かれそうになると妨害するんですね。抜かせないんです。

でも、たまに弱いやつが先頭を走ることがある。なぜかというと、その弱いやつは強いやつがいる馬群のなかにいられないんですね。追い出されてしまう。

じゃあそれが競走馬になったらどうなるのか抽せん馬（ＪＲＡがセリ市で購入し、育成調教をした後、馬主に抽せん方式で販売していた馬）で調べたんですけど、結局明らかな関係は見つけられなかった（笑）。

**武**　そうなんですか（笑）。

**楠瀬**　社会的順位がどういうふうにつくのか、その背景を調べてみたんですが、体重とか胸囲とかは、ほとんど関係ないんですね。

おもしろいのは、牝馬の場合、お母さんが牧場で高い順位にいた馬っていうのは、だいたい子馬も順位が高くなるんです。男馬はそれもあまり関係がない。

**武**　はあ。

**楠瀬**　あと、馬同士が初めて会ったとき。いろいろな生産牧場からやってきて同じ放牧地に放されるわけですけど、最初は勝ったり負けたりしているんです。それが一週間くらいすると次第に序列が決まってきます。そうなると二頭が出会っても勝つやつは必ず勝つ。

そこで、群れにした当初どんな動きをしていた馬が強くなるのかということを調べたんです。

第一番目のタイプはしつこいやつ（笑）。だいたい負けたほうがいやがって逃げるんですけど、それをしつこく追いかけるやつっていうのは強くなるんです。相手が逃げたらそれっきりというのは、あまり見込みがないんですね（笑）。

もうひとつのタイプは勢いがいいっていうのか、負かした相手が走って逃げるような勝ち方をするやつ。同じように相手を威嚇しているんですけど、負けたほうがちょっと逃げる格好をするだけで終わるような勝ち方では最終的には高い順位にはなりません。出会い頭の勢いのいいやつは強くなるんです。

ただ、そうした放牧地で見られる個性がいまひとつ競馬と結びついてこないんです（笑）。

さっきの武さんのお話を聞いていると、馬をいやがるっていうのはそうした社会的な順位づけで負け癖がついているのかもしれないという気もしてくるんですが、競馬のときにそういう馬をあえて馬群に入れると、ずるずる下がっていってしまうんですか。

**武**　そうです。それか、行ってしまうかですね。

**楠瀬**　こわくて行ってしまう。

**武**　そうですね。

**楠瀬**　あと、距離適性っていうのがありますね。

**武**　とにかくゲートを出たら全力で走ってしまう馬っていうのは長距離は無理ですよね。

**楠瀬**　最初から全力で走ってしまうというのは、生まれつきだとしても、ある程度、教育で直せるでしょうね。

**武**　直せると思いますね。でも、それがその馬のいいところかもしれませんから。短距離ではいい結果が出るかもしれませんし。

**楠瀬**　個性を伸ばすっていうことですね。

**武**　ええ。

## 繊細で臆病、そして利口な動物

**楠瀬**　個性はそのまま性格とも言いかえられるわけですが、競馬場で大勢のファンや大歓声に過剰に反応してしまう馬がいますよね。もっとも、どの馬も多かれ少なかれびっくりはしていると思いますが。基本的には臆病な動物ですから。

**武**　そうです。あの大歓声ですからね。

**楠瀬**　競馬は一種のお祭りですから盛り上がりは不可欠で、その点でファンの存在はありがたいわけです。ただ、ちょっと困ることもある。

**武**　確かにファンの人はあまり馬のことを知らないですよね。こっちがあれをやめろ、これをやめろっていうのは一方的かもしれないんですが、もうちょっと、馬っていうのはこういう動物なんだよっていうのを、いい形でわかってもらいたいと思いますね。

**楠瀬**　たとえばゴール直前での紙吹雪……。

**武**　正直言って、それで負けたっていうレースもいくつかあるんです。いい感じで伸びてきて、これは勝てるかもしれないっていうときに、ファンが物を投げて……。

**楠瀬**　馬はそれにびっくりしてブレーキをかけるんですね。

**武**　そうです。

**楠瀬**　ファンに悪意はないんでしょうけどね。

**武**　でも、マークカードとかジャンパーとかを投げるのは、テレビに映りたいからでしょう。競馬とは関係ないところでやってますよね。

**楠瀬**　ああ、あとでテレビを見て、あれは自分の投げたものだっていうことを言いたいわけですか。それは問題外ですね。

**武**　馬がかわいそうじゃないですか。GIなら、その日のためにやってきた晴れ舞台ですよね。それがなければ勝っていたなんてことがあるんですから。

**楠瀬**　馬っていうのは視界が広いし臆病な動物ですからね。

競馬が始まれば馬はいろいろな状況に直面しなければなりません。もちろん、競馬の盛り上がりのなかで必然的に生まれる状況に対しては、馬を教育することによって対処すべきなんでしょうが、今のお話のようなことはまったく別ですよね。

**武**　たとえば道悪《みちわる》（雨などにより、馬場がぬかるんだ状態）を気にしない馬をつくれっていうことなら、もっともだと思うんです。それは自然のことだし、競馬には必要なことですからね。でも、それと物を投げるっていうのは違うでしょう。

**楠瀬**　厩舎でものを投げて馬をそれに慣らすというところまではできないですね。追い切りのときに柵の外から紙吹雪が自動的に噴射される装置をつけるとか（笑）。

**武**　そうです。

**楠瀬**　馬は繊細で臆病ですが、利口でもありますよね。たとえば調教でもゲート入りの悪い馬には、馬場入りの音楽を流して我慢させたりしてます。

**武**　キャリアのある馬はファンファーレを聞いただけでも競馬を連想しているようですしね。

**楠瀬**　そうです。今、メインレースは関西より関東が五分早く始まるんですね（注・現在は、通常関東より関西が10分早い）。で、関東のレースを関西のターフビジョンで中継するじゃないですか。するとターフビジョンのファンファーレに反応する馬がいるんですね。

**武**　ははあ。

**楠瀬**　馬って覚えますからね。

**武**　装鞍のときも、勝負服を着て行くと、馬はイライラしますね。ぼくは、たまに連続騎乗ではないときには自分で鞍を置きに行きますが、勝負服は馬に見せないようにしています。上にジャンパーを着たりして。

**楠瀬**　厩舎関係者は馬に対して細かく気を配っている。それだけ馬は繊細なんだっていうことをみんなによく知ってもらいたいですね。

**武**　そうですね。ただ、ファンの人でも生身の馬のことはあまり知らなくても、血統とかはどんどん詳しくなってきていますね。「ダービースタリオン」とかの影響もあるんでしょうけど。

**楠瀬**　実際の競馬は知らないで「ダビスタ」をやっていて、本物の競馬をやるようになった人っているんですよね。

でも「ダビスタ」っていうのもよく考えてありますよね。まったくリスクなく遊べる（笑）。クラブ馬主だってかなりのリスクを払ってやるわけですから。

**武**　今は騎手の立場でゲームができるのもあるらしいですね。

**楠瀬**　それを武さんがやってみたらどうなんでしょうね。

**武**　本物でやってるからまったく興味ないです。

**楠瀬**　それはそうでしょうけど、そのゲームがどの程度ほんとの騎乗技術を反映してい

**武**　るのかっていう（笑）。

**楠瀬**　めちゃめちゃ下手だったりして（笑）。

**武**　でも、そういうのができるのはいいことかもしれないですね。騎手ってたいへんな仕事なんだってわかってもらえる（笑）。

**楠瀬**　ヤジが飛んだり、紙吹雪が舞ったり（笑）。

**武**　どうだお前ら、俺の気持ちがわかっただろうって（笑）。

確かにそれで気持ちがわかるっていうのはあるみたいです。騎手で「ダビスタ」をやってるやつがいるんですけど、ゲームのなかに自分がいるわけです。で、自分ばっかり乗せているんですね。ところが、ここいちばんのところで岡部さんを使っちゃう（笑）。馬主さんの気持ちがよくわかったって言ってました（笑）。

実際にいつも岡部さんに乗り替わりさせられているやつなんですよ。それでいつも文句を言ってるくせに、自分で乗り替わらせちゃったんです（笑）。

**楠瀬**　（笑）それってかなりおかしいけど、こわいですよね。

**武**　こわいです。

# あとがき

本書は、主に『週刊競馬ブック』誌に定期的に連載した記事を新書向けに編集したものです。大幅に書き換えたり、新たに書き下ろした部分もかなり多くあるとはいえ、本書の核となっているのは同誌の連載記事といえます。

ことの始まりはＪＲＡの関西広報室が関西の競馬マスコミ人を対象に企画した講演会にあります。「競走馬の心技体」と題して、当時ＪＲＡ競走馬総合研究所（総研）で馬の行動学を専門に研究をしていた私が〝心〟を、（社）日本装蹄師会の職員で馬のバイオメカニクスの専門家の青木修博士が〝技〟を、総研で馬の運動生理学を研究していた平賀敦博士が〝体〟をテーマに講演したものでした。参加者も多く、私のジョークが滑ったことを除いては、結構盛り上がった講演会でした。

講演会終了後、何人かのスタッフで打ち上げをしたのですが、「関東では受けたジョークが何で受けなかったんだろう」としきりにぼやく私に、「関西の人間はあの程度の冗談では絶対に笑いませんよ。もっとコテコテでないと」といったのは『週刊競馬ブック』誌の編集長、村上和巳さんでした。

関東では女子にもてる男の子は、ハンサムかスポーツができるか勉強ができるかのどれかが必須といえます。ところが関西ではオモロイことをいう男の子が断然もてるのだそうです。そのため関西では思春期の男の子たちは、女子にもてたいがため日夜ジョークの研鑽にはげんでいるらしい。関東の坊やが勝てるわけがありません。何事も環境が大事ということでしょう。

編集長は「ところでお三方。今日の講演会と同じ題でローテーションを組んで競馬ブックに連載をしていただけないでしょうか？」と要請されました。同誌は1962年創刊の老舗競馬雑誌で、コアな競馬ファンに絶大な人気があります。

以来3年間にわたって、「馬博士 楠瀬良の〝競走馬のこころ〟」が同誌に断続的に掲載されることになりました。執筆の機会を与えてくださった村上和巳氏に感謝いたします。また実際の連載に際しては同誌の水野隆弘氏に大変お世話になりました。ありがとうございました。

さて本書の各項はQ＆A形式になっています。馬の心理学は残念なことに未だ学問的に体系だったものにはなっていません。そこで、連載とはいえ教科書的に連綿と記述するよりは、一回読み切りのほうがわかりやすいし、とっつきやすいと考えました。また素朴な質問を冒頭に置くことで、その項の命題をはっきりさせるという効果があるとも思いました。ちなみにそれぞれの質問は私が作っていたことをここに白状します。

書籍化にあたっては中央公論新社の木佐貫治彦氏にたくさんのアドバイスをいただきました。また（株）ケイバブックからは多くの写真を提供していただきました。この場を借りてお礼申し上げます。

本書は、2008年から2011年にかけて『週刊競馬ブック』に掲載された「競走馬の心技体――馬博士 楠瀬良の〝競走馬のこころ〟」を大幅に加筆・修正し、再構成したものです。

また巻末の対談は、楠瀬良編著『サラブレッドはゴール板を知っているか』(平凡社、1998年)より再録しました。

ラクレとは…la clef=フランス語で「鍵」の意味です。
情報が氾濫するいま、時代を読み解き指針を示す
「知識の鍵」を提供します。

**中公新書ラクレ**
**619**

# サラブレッドに「心《こころ》」はあるか

2018年 4 月10日発行

著者……楠《くすの》瀬《せ》良《りょう》

発行者……大橋善光
発行所……中央公論新社
〒100-8152 東京都千代田区大手町 1-7-1
電話……販売 03-5299-1730　編集 03-5299-1870
URL http://www.chuko.co.jp/

本文印刷……三晃印刷
カバー印刷……大熊整美堂
製本……小泉製本


Published by CHUOKORON-SHINSHA, INC.
Printed in Japan　ISBN978-4-12-150619-1　C1245

L 529

## サッカーは監督で決まる
――リーダーたちの統率術

清水英斗 著

サッカー監督という仕事の全体像とは？　本書は世界的な巨匠たちのメソッドから、監督に必要な7つの力（刺激、厳格、共和、内発、一貫、組織、修練）を導き出す。そして、その指導術をふまえて日本代表監督を検証し、課題を浮かび上がらせる。ハリルホジッチの「？？力」は花開くのか？　モウリーニョ、「炎上のメンタリスタ」ファーガソン、「カリスマ型支配者」デル・ボスケ、グアルディオラ、クロップ、レーヴ、オシムらから学び取れ。

L 533

## 野球×統計は最強のバッテリーである
――セイバーメトリクスとトラッキングの世界

データスタジアム株式会社 著

打率や防御率だけでは野球選手の真の実力は分からない。本書では、野球ファンの〝常識〟となりつつあるセイバーメトリクスについて、具体例を挙げて解説。また、投球、打球、選手の動きのすべてを記録するデータ分析の最先端、トラッキングシステムも紹介する。さらにメジャーリーグが先行導入しているPITCHf／xのデータから、藤川球児、田中将大らのストレートの特徴を徹底分析。「球のキレやノビ」の正体にも迫る！

L 539

## 残念なメダリスト
――チャンピオンに学ぶ人生勝利学・失敗学

山口　香 著

○まるで芸能人？　○一回でポキッといく天才タイプ　○チャンピオンは「変わり者」――浅田真央、なでしこジャパン、錦織圭ら現役スターから、柔道の嘉納治五郎・山下泰裕・篠原信一、「東洋の魔女」らのレジェンドまで、本物のチャンピオンの資格を問う。メダリストになっていい人、悪い人とは？　日本オリンピック委員会理事として東京オリンピックに注力し、柔道界の改革にも邁進する「女姿三四郎」からの問題提起。

L 551

## ちっちゃな科学
――好奇心がおおきくなる読書＆教育論

かこさとし＋福岡伸一 著

子どもが理科離れしている最大の理由は「大人が理科離れしている」からだ。ほんのちょっとの好奇心があれば、都会の中にも「小自然」が見つかるはず――90歳の人気絵本作家と、生命を探究する福岡ハカセが「真の賢さ」を考察する。おすすめの科学絵本の自薦・他薦ブックガイドや里山の魅力紹介など、子どもを伸ばすヒントが満載。NHKで放送され、話題を呼んだ番組「好奇心は無限大」の対談を収録。

L554

## プロレスという生き方
——平成のリングの主役たち

三田佐代子 著

なぜ今また面白くなったのか？ プロレスは幾度かの苦難を乗り越えて、いま黄金時代を迎えている。馬場・猪木の全盛期から時を経て、平成のプロレスラーは何を志し、何と戦っているのか。メジャー、インディー、女子を問わず、裏方やメディアにも光を当て、その魅力を活写。著者はプロレス専門チャンネルに開局から携わるキャスターで、現在も年間１２０大会以上の観戦・取材中。棚橋、中邑、飯伏、里村明衣子、和田京平らの素顔に迫る。

L566

## 統計学が日本を救う

西内　啓 著

あらゆる権威やロジックを吹き飛ばして正解を導く「統計学」。ブームの火付け役が少子高齢化や貧困などの難問に立ち向かう！ 出生率アップに必ず効く施策とは？ 間もなく亡くなると分かっている人にどこまで医療費をかけるべき？ 上海レベルの学力で税収爆増？ この本は東京大学政策ビジョン研究センターの研究成果をまとめたもので、通説・俗説を統計学的にくつがえす、その切れ味は抜群。日本を救うのは統計学だ！

L568

## 増補版 箱根駅伝
——世界へ駆ける夢

読売新聞運動部 著

箱根駅伝は、今や日本の正月に欠かせない風物詩ともなった学生スポーツの花形。世界に名だたる「EKIDEN」の代名詞ともいえる存在だ。90年以上の歴史の中で多くのドラマも生まれた。箱根駅伝を見つめ続けた読売新聞運動部記者たちが、名ランナーたちの活躍や試練など胸を熱くする歴史をさまざまな角度から綴った。さらに、最新のリオ五輪報告、２０２０年の東京五輪も見据えた最新情報を加筆して駅伝ファンに届ける。

L575

## ゴリラは戦わない
——平和主義、家族愛、楽天的

山極壽一＋小菅正夫 著

ゴリラの世界は、誰にも負けず、誰にも勝たない平和な社会。石橋を叩いても渡らない慎重な性格で、〝戦わない〟主義。ゴリラが知ってる幸せの生き方とは何だろう？ 平和主義、家族愛、楽天的人生……。人間がいつのまにか忘れた人生観を思い出す、ゴリラの生涯が人間の社会に提言をおくる。京都大学総長の山極壽一先生と旭山動物園の小菅正夫前園長の異色の対論集。ＡＩ化する現代社会の中で生きる人間に一石を投じる一冊！